电子信息前沿专著系列·第二期　　"十四五"时期国家重点出版物出版专项规划项目

铁电负电容场效应晶体管

周久人　韩根全　郝跃　著

Ferroelectric Negative Capacitance
Field Effect Transistor

人民邮电出版社
北京

图书在版编目（CIP）数据

铁电负电容场效应晶体管 / 周久人，韩根全，郝跃著. -- 北京：人民邮电出版社，2025. --（电子信息前沿专著系列）. -- ISBN 978-7-115-66135-7

Ⅰ．TN386

中国国家版本馆 CIP 数据核字第 2025N3X712 号

内 容 提 要

本书针对后摩尔时代集成电路产业日益严重的功耗问题，简要介绍芯片功耗、工作电压和场效应晶体管亚阈值特性的关系，并通过解析铁电负电容场效应晶体管陡峭亚阈值特性工作机理，阐明铁电负电容场效应晶体管技术对于突破后摩尔时代功耗瓶颈的关键作用。为明确铁电负电容场效应晶体管领域的发展现状，本书讲述该领域各个方面的代表性研究成果，一方面阐述已经取得的成果，另一方面希望通过剖析亟待解决的关键技术问题，指明未来发展方向。

本书主要内容包括氧化铪基铁电材料，铁电负电容场效应晶体管的概念及其发展历程、基本电学特性、电容匹配原则、负微分电阻（NDR）效应以及频率响应特性等。此外，本书还详细阐述了铁电负电容效应存在性研究及其本质探索的相关内容。

本书是一本理论与实践并重的专业技术图书，可供从事新型低功耗器件研究及铁电负电容场效应晶体管研究的科研工作者和相关专业的高校研究生阅读参考。

◆ 著　　周久人　韩根全　郝　跃
　责任编辑　郭　家
　责任印制　马振武

◆ 人民邮电出版社出版发行　北京市丰台区成寿寺路 11 号
邮编 100164　电子邮件 315@ptpress.com.cn
网址 https://www.ptpress.com.cn
北京九天鸿程印刷有限责任公司印刷

◆ 开本：700×1000　1/16
印张：16　　　　　　　2025 年 6 月第 1 版
字数：331 千字　　　　2025 年 6 月北京第 1 次印刷

定价：149.00 元

读者服务热线：(010)81055410　印装质量热线：(010)81055316
反盗版热线：(010)81055315

电子信息前沿专著系列 · 第二期

学术委员会

主任：郝跃，西安电子科技大学教授，中国科学院院士

委员（以姓氏拼音排序）：

陈建平	上海交通大学
陈景东	西北工业大学
高会军	哈尔滨工业大学
黄庆安	东南大学
纪越峰	北京邮电大学
季向阳	清华大学
吕卫锋	北京航空航天大学
辛建国	北京理工大学
尹建伟	浙江大学
张怀武	电子科技大学
张 兴	北京大学
庄钊文	国防科技大学

秘书长：张春福，西安电子科技大学教授

编辑出版委员会

主任：陈英，中国电子学会副理事长兼秘书长、总部党委书记
　　　　张立科，中国工信出版传媒集团有限责任公司副总经理

委员：曹玉红，张春福，王威，荆博，韦毅，贺瑞君，郭家，林舒媛，邓昱洲，顾慧毅

总 序

电子信息科学与技术是现代信息社会的基石,也是科技革命和产业变革的关键,其发展日新月异。近年来,我国电子信息科技和相关产业蓬勃发展,为社会、经济发展和向智能社会升级提供了强有力的支撑,但同时我国仍迫切需要进一步完善电子信息科技自主创新体系,切实提升原始创新能力,努力实现更多"从0到1"的原创性、基础性研究突破。《中华人民共和国国民经济和社会发展第十四个五年规划和2035年远景目标纲要》明确提出,要发展壮大新一代信息技术等战略性新兴产业。面向未来,我们亟待在电子信息前沿领域重点发展方向上进行系统化建设,持续推出一批能代表学科前沿与发展趋势,展现关键技术突破的有创见、有影响的高水平学术专著,以推动相关领域的学术交流,促进学科发展,助力科技人才快速成长,建设战略科技领先人才后备军队伍。

为贯彻落实国家"科技强国""人才强国"战略,进一步推动电子信息领域基础研究及技术的进步与创新,引导一线科研工作者树立学术理想、投身国家科技攻关、深入学术研究,人民邮电出版社联合中国电子学会、国务院学位委员会电子科学与技术学科评议组启动了"电子信息前沿青年学者出版工程",科学评审、选拔优秀青年学者,建设"电子信息前沿专著系列",计划分批出版约50册具有前沿性、开创性、突破性、引领性的原创学术专著,在电子信息领域持续总结、积累创新成果。"电子信息前沿青年学者出版工程"通过设立学术委员会和编辑出版委员会,以严谨的作者评审选拔机制和对作者学术写作的辅导、支持,实现对领域前沿的深刻把握和对未来发展的精准判断,从而保障系列图书的战略高度和前沿性。

"电子信息前沿专著系列"内容面向电子信息领域战略性、基础性、先导性的理论及应用。首期出版的10册学术专著,涵盖半导体器件、智能计算与数据分析、通信和信号及频谱技术等主题,包含清华大学、西安电子科技大学、哈尔滨工业大学(深圳)、东南大学、北京理工大学、电子科技大学、吉林大学、南京邮电大学等高等学校国家重点实验室的原创研究成果。

第二期出版的 9 册学术专著，内容覆盖半导体器件、雷达及电磁超表面、无线通信及天线、数据中心光网络、数据存储等重要领域，汇聚了来自清华大学、西安电子科技大学、国防科技大学、空军工程大学、哈尔滨工业大学（深圳）、北京理工大学、北京邮电大学、北京交通大学等高等学校国家重点实验室或军队重点实验室的原创研究成果。

本系列图书的出版不仅体现了传播学术思想、积淀研究成果、指导实践应用等方面的价值，而且对电子信息领域的广大科研工作者具有示范性作用，可为其开展科研工作提供切实可行的参考。

希望本系列图书具有可持续发展的生命力，成为电子信息领域具有举足轻重影响力和开创性的典范，对我国电子信息产业的发展起到积极的促进作用，对加快重要原创成果的传播、助力科研团队建设及人才的培养、推动学科和行业的创新发展都有所助益。同时，我们也希望本系列图书的出版能激发更多科技人才、产业精英投身到我国电子信息产业中，共同推动我国电子信息产业高速、高质量发展。

2024 年 8 月 22 日

前 言

集成电路是 20 世纪最伟大的发明之一。自 1965 年英特尔创始人之一戈登·摩尔提出摩尔定律以来，集成电路一直遵循摩尔定律持续发展，尽管目前的晶体管尺寸缩减已逼近物理极限，但世界各国的研究者还在通过将新原理、新结构器件与新材料、新工艺技术、新设计方法相结合，为集成电路的蓬勃发展提供更多的可能。集成电路的集成规模呈指数级增长，持续驱动着移动通信、云计算、物联网、无人驾驶、大数据和人工智能等相关应用的技术革新，从而全面推动人类社会的信息化和智能化进程。

面对呈"井喷式"增长的信息处理需求和指数级迭代的晶体管密度，降低芯片功耗已成为当前集成电路产业发展面临的关键技术瓶颈。理论研究表明，芯片功耗包括动态功耗和静态功耗，二者均与晶体管工作电压呈正相关。然而，受制于无法同比例缩减的亚阈值摆幅，目前晶体管工作电压仍停滞于 0.7 V 附近。因此，通过突破晶体管亚阈值摆幅极限以实现工作电压的缩减，已成为集成电路产业发展的必然趋势。

针对集成电路产业的低功耗应用需求，美国加利福尼亚大学伯克利分校的 Salahuddin 教授于 2008 年基于铁电材料自发极化特性所产生的负电容效应提出了具有陡峭亚阈值特性的铁电负电容场效应晶体管（本书正文一般称作负电容场效应晶体管）。此类晶体管通过将传统场效应晶体管的绝缘栅介质替换为具有负电容效应的铁电材料，实现了栅极电压放大效应以及亚阈值特性、驱动电流和工作电压等多项关键技术参数的改善。本书针对后摩尔时代集成电路产业的低功耗应用需求，详细阐述铁电负电容场效应晶体管的概念、工作机理以及相关电学特性的设计原则和优化方法，旨在阐明铁电负电容场效应晶体管各个方面的发展现状，并明确亟待解决的关键技术问题和发展方向。

本书第 1 章概述集成电路产业对低功耗应用的迫切需求，进而明确铁电负电容场效应晶体管发展的必要性。随后第 2 章和第 3 章分别论述氧化铪基铁电材料和铁电负电容场效应晶体管的概念及其发展历程。基于以上理论与技术，第4章至第7章深入探讨铁电负电容场效应晶体管的基本电学特性、电容匹配原则、NDR效应和频率响应特性等关键技术问题。此外，本书第8章还讨论了负电容效应存在性和本质等本源问题。

为方便读者阅读本书，特此对本书常用物理量的符号和含义进行说明：P 为极化强度；E 为电场强度；ε_r 为相对介电常数；V 为电压；V_G 为栅极电压；V_{DS} 为漏极电压；I_G 为栅极电流；I_{DS} 为沟道电流；Ψ_S 为沟道表面电势；G_m 为跨导；V_{int} 为中间浮栅电压。

本书内容源自郝跃院士团队多年研究积累的成果，所阐述的原理与技术较好地结合了理论和工程实践，非常适合具有一定专业基础的高校研究生及相关领域的科研工作者阅读。在此，非常感谢郝跃院士和韩根全教授的指导，同时感谢参与本书内容整理及校对工作的刘宁博士及师弟师妹。另外，本书得到了国家自然科学基金项目（编号：92264101、61534004、91964202、61874081、61851406、62004149、62004145 和 91964202）、国家重点研发计划项目"超陡摆幅极低功耗新原理器件及电路"（编号：2018YFB2202800）、科技创新 2030 —"新一代人工智能"重大项目"新型高能效铁电纳米存算器件及阵列"（编号：2022ZD0119002）的支持。最后，由衷地感谢家人对本人工作的支持与理解。由于本人水平有限，书中难免存在不足之处，恳请广大读者批评指正。

周久人

目 录

第1章 绪 论 ... 1

1.1 后摩尔时代的低功耗应用需求 ... 1
1.2 后摩尔时代的新型低功耗场效应晶体管 ... 7
1.2.1 隧穿场效应晶体管 ... 7
1.2.2 自旋场效应晶体管 ... 9
1.2.3 狄拉克源场效应晶体管 ... 10
1.2.4 铁电负电容场效应晶体管 ... 11
1.3 本章小结 ... 12
参考文献 ... 12

第2章 氧化铪基铁电材料 ... 15

2.1 铁电材料概述 ... 15
2.1.1 铁电材料定义 ... 15
2.1.2 铁电材料的发展与需求 ... 19
2.2 氧化铪基铁电材料的研究进展 ... 21
2.2.1 晶体结构 ... 21
2.2.2 掺杂工程 ... 22
2.2.3 工艺探索 ... 25
2.3 新型氧化铪基铁电材料的应用 ... 34
2.3.1 高介电响应"多态相边界"绝缘材料 ... 35
2.3.2 非易失性可重构铁电掺杂技术 ... 39
2.4 本章小结 ... 43
参考文献 ... 43

第3章 铁电负电容场效应晶体管的概念及其发展历程 ············ 47

3.1 负电容效应 ············ 47
- 3.1.1 负电容效应定义 ············ 47
- 3.1.2 负电容效应原理 ············ 49
- 3.1.3 负电容效应的稳定性 ············ 50

3.2 铁电负电容场效应晶体管陡峭亚阈值特性 ············ 53
- 3.2.1 亚阈值摆幅 ············ 53
- 3.2.2 陡峭亚阈值特性 ············ 54

3.3 铁电负电容场效应晶体管发展历程 ············ 56
- 3.3.1 基本电学特性 ············ 56
- 3.3.2 电容匹配原则 ············ 66
- 3.3.3 NDR 效应 ············ 69
- 3.3.4 频率响应特性 ············ 71
- 3.3.5 负电容效应存在性及本质 ············ 73

3.4 本章小结 ············ 76
参考文献 ············ 76

第4章 铁电负电容场效应晶体管的基本电学特性 ············ 81

4.1 铁电负电容场效应晶体管制备工艺 ············ 82
4.2 铁电负电容场效应晶体管性能表征 ············ 84
- 4.2.1 铁电材料的铁电性表征 ············ 84
- 4.2.2 锗沟道铁电负电容场效应晶体管电学性能表征 ············ 85
- 4.2.3 锗锡沟道铁电负电容场效应晶体管电学性能表征 ············ 90

4.3 本章小结 ············ 91
参考文献 ············ 92

第5章 铁电负电容场效应晶体管的电容匹配原则 ············ 97

5.1 电容匹配原则影响因素分析 ············ 97
5.2 电容匹配原则调控手段论证 ············ 99
- 5.2.1 $T_{Annealing}$ 对 NCFET 电学性能的影响 ············ 100
- 5.2.2 A_{FE}/A_{MOS} 对 NCFET 电学性能的影响 ············ 108
- 5.2.3 t_{FE} 对 NCFET 电学性能的影响 ············ 113

5.2.4　$V_{G,range}$ 对 NCFET 电学性能的影响 …… 116
5.3　电容匹配原则微观机理解析 …… 120
5.4　本章小结 …… 127
参考文献 …… 127

第6章　铁电负电容场效应晶体管的 NDR 效应　131
6.1　NDR 效应产生机理 …… 132
6.2　NDR 效应调控机制 …… 135
  6.2.1　理论研究 …… 135
  6.2.2　实验研究 …… 139
6.3　NDR 效应相关应用 …… 144
  6.3.1　短沟道效应抑制 …… 145
  6.3.2　高增益跨导放大器 …… 149
6.4　本章小结 …… 153
参考文献 …… 154

第7章　铁电负电容场效应晶体管的频率响应特性　157
7.1　铁电材料本征延时 …… 157
  7.1.1　铁电电容-电阻延时评估系统 …… 158
  7.1.2　亚纳秒铁电电容快速测试系统 …… 164
7.2　铁电负电容器件频率响应特性 …… 170
  7.2.1　材料选取原则 …… 170
  7.2.2　结构设计原则 …… 174
  7.2.3　电路应用频率响应特性 …… 184
7.3　本章小结 …… 187
参考文献 …… 188

第8章　铁电负电容效应机理研究　193
8.1　铁电负电容效应存在性研究 …… 193
8.2　铁电负电容效应本质探索 …… 207
8.3　本章小结 …… 222
参考文献 …… 222

第 9 章　总结与展望 ····· 225

9.1　总结 ····· 226
9.1.1　铁电负电容器件优化 ····· 226
9.1.2　新型沟道材料负电容器件 ····· 231
9.1.3　新型负电容器件应用 ····· 235

9.2　展望 ····· 239

参考文献 ····· 240

第1章 绪 论

本章基于后摩尔时代集成电路产业发展面临的功耗瓶颈,阐明新型低功耗场效应晶体管发展的必要性,具体内容包括:

(1) 后摩尔时代集成电路功耗挑战及低功耗应用需求;

(2) 对比解析各类新型低功耗器件结构。

本章首先阐明功耗瓶颈对于集成电路产业发展的制约,从而阐明新型低功耗器件结构发展的必要性。随后,通过剖析各类新型低功耗器件的工作机理、特性及其工艺制备需求,阐明铁电负电容场效应晶体管(本书大部分语境下简称负电容场效应晶体管)所具备的陡峭亚阈值特性、低驱动电压、高驱动能力以及良好的互补金属氧化物半导体(Complementary Metal Oxide Semiconductor,CMOS)工艺兼容性等众多优势,从而明确负电容场效应晶体管是该领域最具潜力的新型低功耗器件结构之一。

1.1 后摩尔时代的低功耗应用需求

自场效应晶体管发明以来,集成电路产业发展遵循摩尔定律,从不足100个晶体管的小型集成电路发展成为具有超过100亿个晶体管的极大规模集成电路[1-2]。图1.1所示为集成电路单个芯片上晶体管的数目发展趋势。1971年,Intel(英特尔)公司基于10 μm工艺推出了世界首款微处理芯片——Intel 4004,其单个芯片上晶体管的数目仅有2000多;2021年,IBM公司基于多纳米片沟道技术首次推出了2 nm技术芯片,其单个芯片上晶体管的数目已高达500亿。

所谓摩尔定律,即通过缩减集成电路特征尺寸使芯片单位面积上晶体管的数目每18~24个月翻一倍的发展规律。随之而来的是芯片响应速度、运算性能的提升以及成本的下降,这不仅催生了高性能、低成本商用级集成电路的社会化普及,还全面革新了人类社会的生产、生活方式,并持续驱动着人类社会的信息化和智能化进程,如图1.2所示。

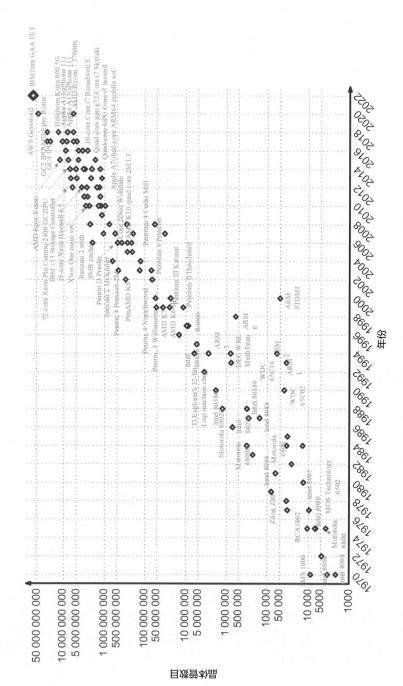

图 1.1 集成电路单个芯片上晶体管的数目发展趋势

图 1.2 集成电路在现代人类社会中的应用示例

集成电路的不断发展对我们生活的方方面面产生了巨大的影响。

（1）2020年11月20日，亚太经合组织第二十七次领导人非正式会议在云端以视频的方式进行。

（2）新能源汽车以电机替代传统燃油车的发动机，并增加了动力电池。动力电池作为整车的核心部件之一，其充放电情况、温度状态、单体电池间的均衡均需要控制，因此必须额外配备一个电池管理系统（Battery Management System，BMS），在每个 BMS 的主控制器中需要增加一个微控制单元芯片，该芯片起到处理模拟前端采集的信息并计算荷电状态的作用。

（3）随着全球老年人口数量的增加，人们对及早诊断疾病的需求不断攀升。实时更新患者数据可惠及几乎所有人群，因此医疗器械设计的创新成为必然趋势。专业医务人员可使用利用人工智能和虚拟现实技术的器械进行诊断工作及外科医生培训。现在的医疗器械能实现更小尺寸并支持多种新功能，这些创新都得益于集成电路的不断发展。

（4）以 MP3 格式来录放声音的电子信息产品使得唱片、磁带式录音机退出了历史舞台。

（5）数字摄影、摄像颠覆了胶卷产业，市场上已很少见到胶卷踪影。

（6）微信、短信、电子邮件替代了手写书信，贴着邮票的信封和里面的信件变成了历史；路旁的绿色邮筒和骑自行车穿梭于大街小巷的邮递员成了回忆。

（7）借助互联网和电子设备的阅读方式导致传统纸媒发行率大幅下降。

截至本书成稿之日，晶体管尺寸缩减的方式主要包括等比缩减和等效缩减两种，其中等比缩减发展趋势如图1.3所示[3]。集成电路发展初期，尺寸缩减的原则为等比缩减，即等比例缩减栅极宽度、沟道宽度以及驱动电压等器件的尺寸和电学参数，同时保证晶体管性能和尺寸在一定范围变化，从而实现集成电路中晶体管密度的提升。直到21世纪初，等比缩减一直是集成电路发展的主流方向。

然而，随着传统绝缘栅介质二氧化硅（SiO_2）已减薄至物理极限，传统的等比缩减已不足以为集成电路产业提供使晶体管数目实现指数级增长的动力。此时，等效缩减应运而生。所谓等效缩减，即通过新兴技术缩减栅极等效氧化层厚度和有效沟道宽度等参数。这不仅实现了晶体管整体尺寸的缩减和集成电路中晶体管密度的增长，还保证了晶体管性能的提升。目前，等效缩减技术主要用到了高介电常数绝缘介质、源漏应变工程、高迁移率沟道材料、三维鳍式场效应晶体管等[4]。根据2017年国际器件和系统路线图（International Roadmap for Devices and Systems，IRDS）预测，以上技术的发展势头将于2025年前后被消耗殆尽[5]。因此，如何在后摩尔时代继续驱动集成电路产业沿着摩尔定律向前发展，成为整个行业面临的新挑战。

截至本书成稿之日，制约晶体管尺寸缩减的最主要因素是性能与功耗之间的矛盾。集成电路芯片的功耗主要由静态功耗和动态功耗两部分组成。所谓静态功耗，即晶体管无翻转时，电源端和接地端之间的非理想通路所引起的功耗；动态功耗则是指晶体管翻转过程中负载电容充放电所引起的能量消耗[3, 6]。

图1.4所示为最小电路单元——反相器的静态功耗和动态功耗示意。反相器由一对串联于V_{DD}（驱动电压）和GND（Ground，本书指接地端）之间的N、P型晶体管组成。根据外界输入，N、P型晶体管将分别处于开启和关闭的状态。换言之，理想情况下并不存在N、P型晶体管同时导通的情况，即不存在V_{DD}到GND的直接通路以及功耗问题。然而，事实并非如此。首先，反相器衬底泄漏电流如图1.4（a）所示，N、P型晶体管中PN结的反向泄漏电流导致了V_{DD}和GND之间形成直接通路[6]。其次，栅极逻辑混乱和晶体管亚阈区漏电也可产生流经沟道的泄漏电流，从而形成V_{DD}到GND的直接通路，晶体管沟道泄漏电流如图1.4（b）所示。因此，集成电路的静态功耗和动态功耗可以粗略表示为：

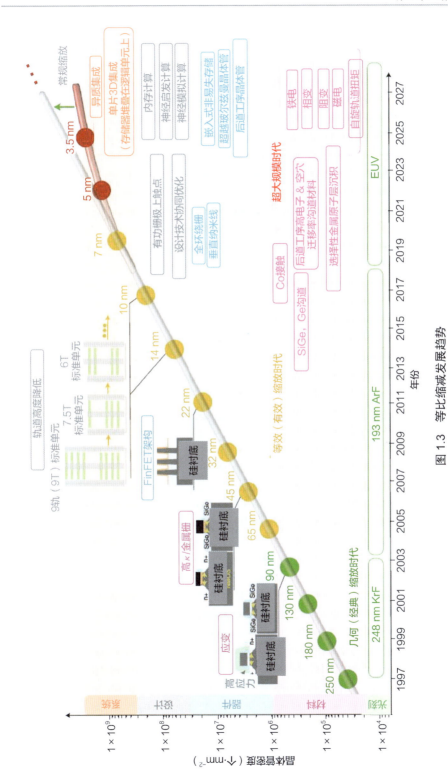

图 1.3 等比缩减发展趋势

$$P_{\text{static}} = I_{\text{leakage}} \times V_{\text{DD}} \tag{1-1}$$

$$P_{\text{dynamic}} = C_{\text{load}} \times V_{\text{DD}}^2 \times f_{0\to 1} \tag{1-2}$$

其中，P_{static} 和 P_{dynamic} 分别为静态功耗和动态功耗，I_{leakage} 为泄漏电流，C_{load} 为负载电容，$f_{0\to 1}$ 为反相器从 0 到 1 的翻转频率，具体翻转如图 1.4（c）和图 1.4（d）所示。显然，无论是静态功耗还是动态功耗，都与驱动电压呈正相关关系。因此，减小集成电路功耗最主要的办法是——减小驱动电压[7-9]。

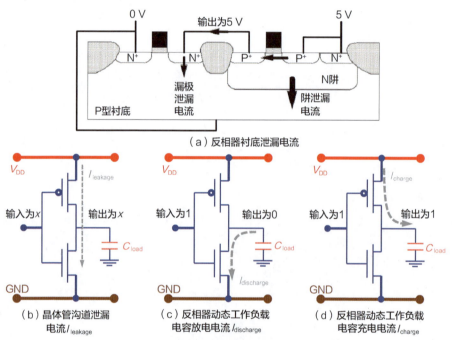

图 1.4　反相器静态功耗和动态功耗示意[10]

截至本书成稿之日，集成电路产业已经步入亚 10 nm 工艺技术节点，CMOS 驱动电压已经下降至 0.7 V。根据 2017 年 IRDS 预测，通过引入高迁移率沟道材料、三维鳍式场效应晶体管、横向环栅结构和垂直环栅结构等仅有望将驱动电压降至 0.55 V，并不足以满足集成电路产业的功耗缩减需求[11]。主要限制因素为室温条件下无法等比缩减的亚阈值摆幅（Subthreshold Swing, SS）[12]。此外，驱动电压的等比缩减将会导致晶体管开关电流比减小，从而引起电路逻辑混乱。因此，探索具有陡峭亚阈值特性的新型低功耗器件结构成为集成电路产业下一阶段发展的必然需求。

1.2 后摩尔时代的新型低功耗场效应晶体管

IRDS 新兴研究设备技术工作组认为可通过以下 5 种方式实现陡峭 SS 新型低功耗器件结构，包括利用向量状态取代电荷状态实现载流子状态密度提升，利用非平衡系统热稳定性提升载流子注入效率，创新无电荷数据传输机制，基于纳米声子热管理工程获取控制增益，基于新型结构的定向自组装工程[13]。随后，工业界和学术界针对上述机理及结构进行了系统研究。

截至本书成稿之日，新型低功耗场效应晶体管主要从两个方面实现突破：通过改变晶体管输运机制提升载流子注入效率，通过放大效应倍增栅极信号控制能力。代表性晶体管有：隧穿场效应晶体管（Tunneling Field Effect Transistor, TFET)[9]、自旋场效应晶体管（Spin Field Effect Transistor, SFET)[14]、狄拉克源场效应晶体管（Dirac-Source Field Effect Transistor, DSFET)[15]、金属-氧化物-半导体场效应晶体管（Metal-Oxide-Semiconductor Field Effect Transistor, MOSFET)、负电容隧穿场效应晶体管（Negative Capacitance Tunneling Field Effect Transistor，NCTFET)[15]、负电容场效应晶体管（Negative Capacitance Field Effect Transistor，NCFET)[16]等。晶体管发展路线及未来趋势如图 1.5 所示。

1.2.1 隧穿场效应晶体管

顾名思义，TFET，即载流子输运机制为能带间隧穿的场效应晶体管，其开启和关闭主要是通过栅极电压调控源极和沟道组成的齐纳二极管的能带结构及载流子隧穿过程来实现。因此，TFET 具有突破玻尔兹曼统计分布，实现陡峭 SS 的能力[17]。MOSFET 和 TFET 的开启、关闭状态的能带结构示意见图 1.6。

然而，受制于半导体材料硅的较大禁带宽度及间接带隙半导体结构，兼容现代集成电路工艺的硅基 TFET 尚未实现，因为其极低的齐纳二极管隧穿概率和较小的开态电流并不满足逻辑应用的需求[18-20]。

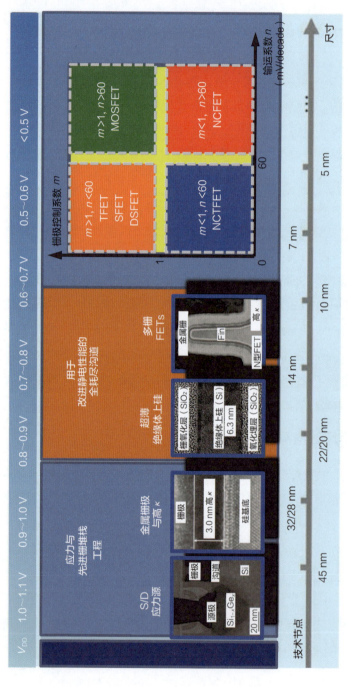

图 1.5 晶体管发展路线及未来趋势

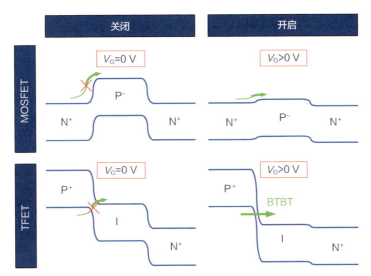

图 1.6　MOSFET 和 TFET 开启、关闭状态的能带结构示意

注：P⁺ 为 P 型重掺杂；P⁻ 为 P 型轻掺杂；N⁺ 为 N 型重掺杂；N⁻ 为 N 型轻掺杂；
I 为本征半导体；BTBT 为 Band-to-Band Tunneling，带带隧穿。

1.2.2　自旋场效应晶体管

SFET，即通过自旋轨道相互作用调控沟道电子自旋方向、沟道电流大小和晶体管开关状态的场效应晶体管[21-22]。相比 MOSFET，其最大的不同在于两点。第一，晶体管的开启与关闭由栅极控制的沟道电子自旋方向而非势垒高度决定。基于自旋轨道相互作用，载流子从源极到漏极的输运过程中，其自旋方向受栅极电压调制。如图 1.7（a）所示，$\Delta\theta$、m^* 和 $\hbar$ 分别是自旋角度变化量、电子有效质量和约化普朗克常量，α 是受栅极电压控制的自旋轨道作用强度，L 是沟道长度。第二，源极、漏极具有铁磁性，在提供载流子的同时，还可以通过选择性散射筛选具有相同自旋方向的电子，自旋转移效应示意见图 1.7（b）。因此，当沟道电子自旋方向与漏极铁磁性电极的自旋方向一致时，大量电子被漏极铁磁性电极收集，此时晶体管表现为开（On）态，见图 1.7（c）；而当沟道电子自旋方向与漏极铁磁性电极的自旋方向不同甚至相反时，几乎没有电子被漏极铁磁性电极收集，此时晶体管表现为关（Off）态，见图 1.7（c）。

尽管 SFET 具有实现陡峭 SS 的能力[23]，但受制于沟道与铁磁性电极之间较大的接触电阻、较弱的自旋角度调控能力，适用于现代集成电路的 SFET 技术尚待进一步探索[24-26]。

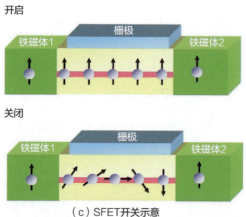

(a) 自旋角度变化量公式　　(b) 自旋转移效应示意

(c) SFET 开关示意

图 1.7　SFET 工作机理[23]

1.2.3　狄拉克源场效应晶体管

　　DSFET，即将传统源极替换为态密度（Density of States，DoS）与能量（Energy，E）呈负相关关系的狄拉克源的场效应晶体管[15]。与 MOSFET 中态密度与能量呈正相关关系的源极材料相比，DSFET 通过引入狄拉克源，使得沟道载流子浓度可以突破玻尔兹曼限制，从而具备实现陡峭 SS 的能力，如图 1.8 所示。

　　然而，截至本书成稿之日，实现狄拉克源的主要材料为石墨烯，其与现代集成电路工艺的生产、转移方式并不兼容，使得 DSFET 也不适用于硅基集成电路[15]。

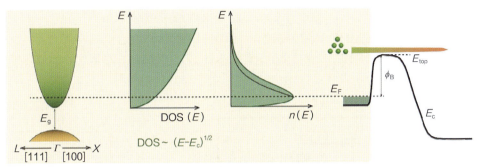

(a)传统源极

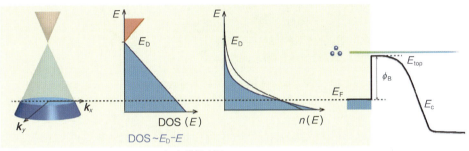

(b)狄拉克源

图 1.8 MOSFET 和 DSFET 源极工作机理[15]

注:$n(E)$为电子浓度;ϕ_B为势垒高度;E_F为费米能级;E_{top}为能带顶能级;E_c为导带能级;E_D为狄拉克能级;E_g为禁带宽度。

综上所述,TFET、SFET 和 DSFET 等新型低功耗场效应晶体管通过优化载流子输运机制、收集和供应的方式,均具备实现陡峭 SS 的能力。但受制于工艺兼容性问题,这些晶体管均无法满足现代集成电路的需要。因此,工业界迫切需要一种与现行硅基 CMOS 工艺兼容的新型低功耗场效应晶体管。

1.2.4 铁电负电容场效应晶体管

铁电负电容场效应晶体管,即将传统绝缘栅介质替换为具有"负电容效应"的铁电薄膜材料,在不改变传统场效应晶体管沟道输运机制的前提下,通过放大的栅极电压控制能力实现陡峭 SS 的新型低功耗场效应晶体管[23]。图 1.9 所示为 NCFET 的结构示意及其电容等效模型[27-29]。

NCFET 概念[30]的核心在于利用非中心对称铁电单元产生的自发极化特性,构建异于传统电容的电荷 - 能量关系,从而实现具有较小能量需求的器件开关行为。相比于传统MOSFET，NCFET技术仅替换了绝缘栅介质材料，不仅保持了良好的硅基CMOS工艺兼容性，还保持了载流子输运机制，可直接应用于现代集成电路产业。因此，NCFET被公认最具潜力的"新型低功耗场效应晶体管"之一[31]。

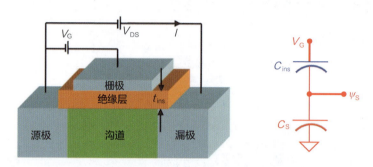

图1.9　NCFET结构示意及其电容等效模型[27-29]

注：I为电流；t_{ins}为绝缘层厚度；C_{ins}为绝缘层电容；C_S为半导体电容；⊣⊢为业界常用极性电容器符号。

综上所述，为满足人类社会信息化和智能化进程中日益增长的信息处理需求，工业界和学术界遵循摩尔定律，全力追逐着运行速度更快、能耗更低、成本更低的集成电路芯片。然而，受制于无法同比例缩减的SS，晶体管尺寸缩减已逐步逼近极限，发展具备陡峭亚阈值特性的新型低功耗场效应晶体管已成为整个行业的迫切需求。NCFET利用铁电负电容效应及栅极电压放大效应，兼具硅基CMOS工艺兼容性和陡峭亚阈值特性，被视为最具潜力的新型低功耗场效应晶体管之一。

1.3　本章小结

本章基于后摩尔时代的发展桎梏，明确了新型低功耗场效应晶体管发展的必要性。随后，通过对比分析各类新型低功耗场效应晶体管的工作机理和制备工艺，阐明NCFET因具备良好的硅基CMOS工艺兼容性和陡峭亚阈值特性而有极其光明的应用前景。

参考文献

[1] MOORE G E. Progress in digital integrated electronics[C]//IEEE Electron Devices Meeting (IEDM). Piscataway, USA: IEEE, 1975, 21:11-13.

[2] MOORE G E. Cramming more components onto integrated circuits[J]. Proceedings of the IEEE, 1998, 86(1): 82-85.

[3] HU C. Modern semiconductor devices for integrated circuits[M]. New York: Pearson, 2009.

[4] SALAHUDDIN S, NI K, DATTA S. Author correction: the era of hyper-scaling in electronics[J]. Nature Electronics, 2018, 1(9): 519.

[5] International Roadmap Committee. International roadmap for devices and systems(2017 Edition) [EB/OL]. (2017-05-24)[2023-01-17].

[6] Texas Instruments. CMOS power consumption and CPD calculation[EB/OL]. (1997-06-01) [2023-01-17].

[7] WALDROP M. The chips are down for Moore's law[J]. Nature, 2016, 530(7589): 144-147.

[8] SKOTNICKI T, HUTCHBY J A, KING T, et al. The end of CMOS scaling: toward the introduction of new materials and structual changes to improve MOSFET performance[J]. IEEE Circuits Devices, 2005, 21(1) : 16-26.

[9] SEABAUGH A, ZHANG Q. Low-voltage tunnel transistors for beyond CMOS logic[J]. Proceedings of the IEEE, 2010, 98(12): 2095-2110.

[10] ROSLI K, DAUD R, MAMUN M, et al. A comparative study on SOI MOSFETs for low power applications[J]. Research Journal of Applied Sciences, Engineering and Technology, 2013, 5(8): 2586-2591.

[11] International Roadmap Committee. International roadmap for devices and systems(2022 Edition)[EB/OL]. (2022-08-25)[2023-01-17].

[12] MASUHARA T. Challenge of low voltage and low power IC toward sustainable future[C]// IEEE Asian Solid-State Circuits Conference 2011. Piscataway, USA: IEEE, 2011.

[13] International Roadmap Committee. International roadmap for devices and systems[EB/OL]. (2021-10-05)[2024-05-15].

[14] BERNSTEIN K, CAVIN R, POROD W, et al. Device and architecture outlook for beyond CMOS switches[J]. Proceedings of the IEEE, 2010, 98(12): 2169-2184.

[15] QIU C, LIU F, XU L, et al. Dirac-source field-effect transistors as energy-efficient, high-performance electronic switches[J]. Science, 2018, 361(6400): 387-392 .

[16] IONESCU, Adrian M. Negative capacitance gives a positive boost[J]. Nature Nanotechnology, 2018(13): 7-8.

[17] APPENZELLER J, LIN Y M, KNOCH J, et al. Comparing carbon nanotube transistors - the ideal choice: a novel tunneling device design[J]. IEEE Transactions on Electron Devices, 2005, 52(12): 2568-2576.

[18] JOSSY A M, VIGNESWARAN T. A perspective review of tunnel field effect transistor with steeper switching behavior and low off current (IOFF) for ultra low power applications[J]. International Journal of Engineering and Technology, 2014, 6(5): 2092-2104.

[19] WANG P F, HILSENBECK K, NIRSCHL T, et al. Complementary tunneling transistor for low power application[J]. Solid-State Electronics, 2004, 48(12): 2281-2286.

[20] BHUWALKA K, BORN M, SCHINDLER M, et al. P-channel tunnel field-effect transistors down to sub-50 nm channel lengths[J]. Japanese Journal of Applied Physics, 2006, 45(4B): 3106-3109.

[21] APPELBAUM I, HUANG B, MONSMA D J. Electronic measurement and control of spin transport in silicon[J]. Nature, 2007, 447(7142): 295-298.

[22] SUGAHARA S, NITTA J, et al. Spin-transistor electronics: an overview and outlook[J]. Proceedings of the IEEE, 2010, 98(12): 2124-2154.

[23] SASAKI T, ANDO Y, KAMENO M, et al. Spin transport in nondegenerate Si with a spin MOSFET structure at room temperature[J]. Physical Review Applied, 2014, 2(3): 034005.

[24] MODARRESI H. The spin field-effect transistor: can it be realized? [J]. Universitas Groningen, 2009.

[25] SUZUKI T, SASAKI T, OIKAWA T, et al. Room-temperature electron spin transport in a highly doped Si channel[J]. Applied Physics Express, 2011, 4(2): 023003.

[26] SHIKOH E, ANDO K, KUBO K, et al. Spin-pump-induced spin transport in p-type Si at room temperature[J]. Physical Review Letters, 2013, 110(12): 127201.

[27] SALAHUDDIN S, DATTA S. Use of negative capacitance to provide voltage amplification for low power nanoscale devices[J]. Nano Letters, 2008, 8 (2): 405-410.

[28] KHAN A, YEUNG C, HU C, et al. Ferroelectric negative capacitance MOSFET: capacitance tuning & antiferroelectric operation[C]//2011 International Electron Devices Meeting(IEDM). Piscataway, USA: IEEE, 2011.

[29] YEUNG C, KHAN A, SALAHUDDIN S, et al. Device design considerations for ultra-thin body non-hysteretic negative capacitance FETs[C]//2013 Third Berkeley Symposium on Energy Efficient Electronic Systems (E3S). Piscataway, USA: IEEE, 2013.

[30] SALAHUDDIN S, DATTA S. Use of negative capacitance to provide voltage amplification for low power nanoscale devices[J]. Nano Letters, 2008, 8(2):405.

[31] GALATSIS K, KHITUN A, OSTROUMOV R, et al. Alternate state variables for emerging nanoelectronic devices[J]. IEEE Transactions on Nanotechnology, 2009, 8(1): 66–75.

第 2 章　氧化铪基铁电材料

铁电材料作为铁电器件的核心功能层，对于器件整体的工作性能有着至关重要的影响。因此，本章将深入讨论铁电材料的发展与需求，并重点论述与 CMOS 工艺兼容的氧化铪基铁电材料，内容包括：

（1）铁电材料的定义；
（2）氧化铪基铁电材料发展的必要性；
（3）氧化铪基铁电材料晶体结构；
（4）氧化铪基铁电材料掺杂工程；
（5）氧化铪基铁电材料工艺探索；
（6）新型氧化铪基铁电材料应用。

本章主要阐明铁电材料的发展趋势，并基于其应用前景明确氧化铪基铁电材料发展的必要性，随后讨论氧化铪基铁电材料的制备工艺和性能调控手段，以及如何为负电容场效应晶体管实验制备提供技术支撑。此外，本章还论述氧化铪基铁电材料在负电容器件之外的新型应用场景，进一步阐明其在微电子器件领域的重要作用。

2.1　铁电材料概述

2.1 节针对铁电材料的铁电性来源及铁电材料研究的必要性，主要讨论以下两部分内容：

（1）明确铁电材料所属点群，简析铁电材料特性，阐明铁电材料定义，讨论铁电材料铁电性来源；
（2）简述铁电材料的发现及发展历程，解析当代集成电路产业对于铁电材料的需求，阐明氧化铪基铁电材料优越性，明确研究氧化铪基铁电材料的重要性和必要性。

2.1.1　铁电材料定义

根据晶体对称元素的组合，晶体可以被划分为 32 种对称点群[1]。如图 2.1 所示，32 种对称点群又可划分为 11 种中心对称点群和 21 种非中心对称点群。

在 21 种非中心对称点群中，包含 20 种压电类点群。压电类点群是由对外界应力或电场强度产生极化响应的压电材料组成的，材料具有正、逆压电效应。其中，可以产生自发极化、形成恒定电荷偶极子的热释电类点群有 10 种，具有热释电类点群晶格结构的晶体被称为热释电晶体。热释电晶体产生的自发极化可能随外加电场而发生翻转，也可能不随外加电场翻转。那些自发极化随外加电场翻转的热释电晶体就是铁电晶体，铁电晶体是热释电晶体的分支。总的来说，铁电材料是自发极化随外加电场翻转的热释电材料，热释电材料是具有自发极化的压电材料，压电材料是具有压电性质的电介质材料。

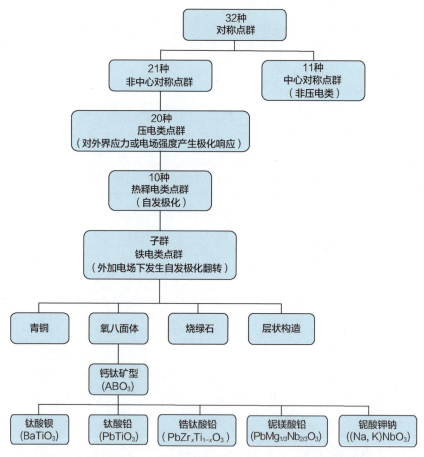

图 2.1 32 种对称点群中压电类点群与其父群、子群之间的关系

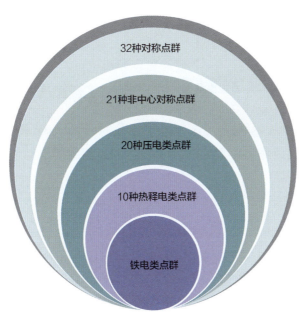

图 2.1　32 种对称点群中压电类点群与其父群、子群之间的关系（续）

所谓正压电效应，即压电晶体表面在外界应力的作用下等比例地产生电荷；而逆压电效应则是对压电晶体施加电场，压电晶体产生相应的形变，在初始厚度 L 的基础上发生了 2∆L 的形变，如图 2.2 所示。正、逆压电效应的响应是线性的，这与材料中存在的应变与电场强度的平方成比例关系（电致伸缩效应）不同。压电系数量化了施加的应力、电荷量、应变与电场强度之间的关系，通常表示为式（2-1）和式（2-2）[2]：

$$P = \frac{Q}{A} = dX \quad (2\text{-}1)$$

$$x = dE \quad (2\text{-}2)$$

其中，P 为压电晶体的极化电荷密度（极化强度）；Q 为晶体电荷量；A 为晶体受激励面积；X 为外部压强；d 为压电系数；E 为电场强度；x 为应变。

所谓热释电晶体，就是具有热释电性的晶体。热释电性是指材料会产生自发极化，并且自发极化电荷量与外界温度密切相关，极化状态随温度发生变化。热释电晶体的热释电效应如图 2.3 所示。极化电荷密度随温度变化的响应可表示为式（2-3）和式（2-4）[3]：

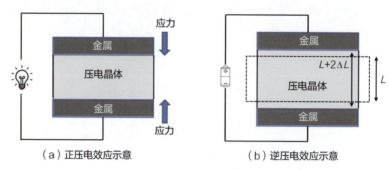

(a)正压电效应示意   (b)逆压电效应示意

图 2.2　压电晶体的正压电效应和逆压电效应

$$p_i = \frac{\partial P_{S,i}}{\partial T} \tag{2-3}$$

$$D_i = \Delta P_{S,i} = p_i \Delta T \tag{2-4}$$

其中，p_i 为某一矢量方向上的热释电晶体极化电荷密度，其方向通常由晶体结构在特定方向的对称性决定；$P_{S,i}$ 为矢量方向上的热释电晶体自发极化电荷密度；T 为温度；D_i 为随温度变化的热释电晶体的表面电荷密度。

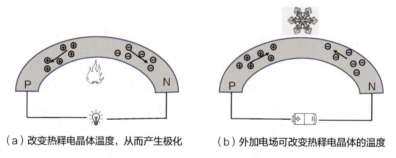

(a)改变热释电晶体温度，从而产生极化   (b)外加电场可改变热释电晶体的温度

图 2.3　热释电晶体的热释电效应

铁电材料作为热释电材料的分支，同样也具有自发极化特性。铁电材料作为热释电材料的一种，具有严重的温度依赖性。当温度上升至居里温度及以上时，自发极化消失，材料不具备铁电性；当温度低于居里温度时，材料具有自发极化，呈现铁电性。图 2.4 所示为铁电材料的电滞回线。最初，不向铁电材料施加电场时，铁电材料虽然会产生自发极化，但是由于电偶极子方向不一，对外表现出的极化强度为零；随着铁电材料上施加的电场强度增加，电偶极子的方向渐渐趋向一致，且当电场达到某一强度时，极化强度达到最大值即 P_s；此时将外加电场强度减小至零，但极化强度并不会减小至零，而是保持在 $\pm P_r$，此处的 P_r 即剩余极化强度；当外加电场强度超过 E_c 时，铁电材料发生极化翻转，其中，E_c 为

矫顽场强度。

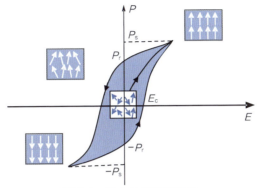

图 2.4　铁电材料电滞回线

铁电材料的能量 F 与极化强度 P 的关系表现为 W 形能量电荷曲线，如图 2.5 所示，铁电材料具备两个能量势阱，因而具备两个自发极化稳态。当外加电场小于矫顽场时，铁电极化状态无法越过能量势垒，呈现为稳定存储的极化保持状态；当外界电场大于矫顽场时，铁电极化状态可被翻转。综上所述，铁电材料从属于热释电材料，基于非中心对称的晶体结构具备自发极化的特性，且极化状态可被外界电场翻转。

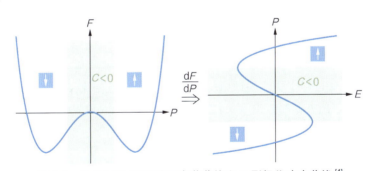

图 2.5　铁电材料 W 形能量电荷曲线和 S 形极化响应曲线[4]

2.1.2　铁电材料的发展与需求

铁电性的概念是由法国科学家 Valasek 提出的。1920 年，Valasek 在研究罗谢尔盐（$NaKC_4H_4O_6 \cdot 4H_2O$）材料时，首次发现了在自然状态下存在的极化特性，并且该极化特性受外加电场和温度调控，由此提出了铁电性的概念[5]。铁电材料先天具备的可切换的极化稳态，可直接用于"0"和"1"状态的信息编码，这使铁电材料在存储器领域受到了极大关注。1952 年，麻省理工学院研究生 Buck 基于铁电材料非易失性极化稳态首次提出了铁电存储器的概念[6]。1955年,贝尔实验室开始深入研究铁电存储器[7]。20世纪80年代末期,基于金属氧化物场效应晶体管的铁电存储器开始进入人们的视野[8]。1991年,美国国家航天局针对铁电存储器,首次提出了一种基于紫外线辐照脉冲的非破坏性读取方式[9]。随后,三星、海力士、索尼和东芝等众多公司加入了市场,逐步推动铁电存储器商用化,先后实现了基于N型金属氧化物场效应晶体管的4 MB铁电存储器芯片、用于索尼第二代游戏主机的8 MB存储卡以及基于500 nm CMOS工艺制备的32 KB嵌入式铁电存储器。21世纪初,三星、松下、东芝、英飞凌、海力士、思美、剑桥大学、多伦多大学和比利时微电子研究中心等开始致力于新型铁电存储器的推进。

此外,铁电材料兼具良好的压电性、热释电性以及光学非线性等众多特性,同样已被广泛应用于微电子行业的其他领域,如表2-1所示。

表2-1 铁电材料特性及其应用 [10-11]

铁电材料特性	主要器件应用
介电性	电容器、微波器件、动态随机存储器、气体探测器
压电性	声表面波器件、微型压电驱动器、微型压电电动机
热释电性	热释电探测器及其序列
铁电性	移相器、滤波器、铁电存储器
电光效应	光全息存储器、光波导器、光偏转器
声光效应	声光偏转器
光学非线性	光学倍频器

截至2011年,最受关注的铁电材料仍集中于ABO_3钙钛矿型结构,如$BaTiO_3$(BTO)、$PbTiO_3$(PTO)、$PbZr_xTi_{1-x}O_3$(PZT)等。然而,面对集成电路产业器件微型化和集成化的发展方向,钙钛矿型结构材料已难以满足当代集成电路产业需求,具体需求如下。

(1)铁电材料需具备大幅可控的剩余极化强度和矫顽场强度,以满足多种功能器件的应用需求。

(2)铁电材料厚度需缩减至亚10 nm,以适应集成电路产业器件微型化的发展。

(3)铁电材料需具备良好的疲劳特性和漏电流特性。

(4)铁电材料需具备硅基CMOS工艺兼容性,便于集成电路工艺延续。

(5)铁电材料铁电性工艺温度需降至400 ℃左右,以适应集成化发展的温度阈值。

针对上述需求,学术界和工业界展开了广泛的探索。2011年,德国科学家

Böscke 首次发现在氧化铪（HfO_2）中掺入一定量的 SiO_2，可以促使 HfO_2 薄膜向不同铁电晶体结晶相转变，从而使薄膜具备铁电性。

相比于传统钙钛矿型结构铁电材料，氧化铪基铁电材料具有一系列优势，如表 2-2 所示。

表 2-2　氧化铪基铁电材料与传统钙钛矿型结构铁电材料对比[12]

材料	薄膜厚度（nm）	退火温度（℃）	剩余极化强度（μC/cm²）	矫顽场强度（kV/cm）	击穿电场强度（MV/cm）	矫顽场强度/击穿电场强度	相对介电常数	原子层沉积能力	CMOS工艺兼容性	后端工艺兼容性
钽酸锶铋（SBT）	>25	>750	<10	10～100	约2	0.5%～5%	150～250	受限	Bi 和 O_2 扩散	H_2 损伤
PZT	>70	>600	20～40	～50	0.5～2	2.5%～10%	约1300	受限	Pb 和 O_2 扩散	H_2 损伤
氧化铪基铁电材料	5～30	450～1000	1～40	1～2	4～8	12.5%～50%	约30	成熟	稳定	稳定

第一，氧化铪基铁电材料剩余极化强度和矫顽场强度在 1～40 μC/cm² 和 1～2 kV/cm 范围内可调，可兼容绝大部分铁电器件的应用需求；第二，基于成熟的原子层沉积工艺，氧化铪基铁电材料的生长过程体现了良好的硅基 CMOS 工艺兼容性；第三，对于传统的铁电材料如 SBT、PZT 等，其厚度至少要大于 200 nm 才能实现非易失性，而氧化铪基铁电材料在保证非易失性的同时薄膜厚度可以突破至 10 nm 以下，避免了传统铁电材料的"尺寸效应"；第四，氧化铪基铁电材料与硅基材料能带结构相匹配，因而在器件尺寸缩减的同时，还保障了良好的漏电特性；第五，氧化铪基铁电材料铁电性工艺温度（退火温度）范围为 450～1000 ℃，可兼容绝大部分集成电路工艺需求。这一令人振奋的发现迅速引起了广泛关注，也成为各类铁电器件实现突破性发展的契机。

2.2　氧化铪基铁电材料的研究进展

现代集成电路产业对于铁电材料及器件的新需求，使具有良好的铁电性、尺寸缩减能力、后端工艺兼容性和硅基 CMOS 工艺兼容性的氧化铪基铁电材料应运而生。

2.2.1　晶体结构

HfO_2 作为高介电常数绝缘材料，是"高介电常数/金属栅"工程的重要组成部分，被广泛应用于集成电路各技术节点。HfO_2 不仅有较高的相对介电常数，还具备与半导体材料硅非常匹配的能带分布（HfO_2 禁带宽度为 5.7 eV，硅导带带阶为

1.0 eV，硅价带带阶为 3.0 eV)，从而在保证晶体管尺寸缩减的同时，还可以减小栅极泄漏电流。

截至目前，针对 HfO_2 薄膜材料的基本特性和晶体结构已进行了充分的研究。HfO_2 薄膜材料的密度为 9.68 g/cm³，分子量为 210.5，熔点和沸点分别为 3031 K 和 5673 K。HfO_2 结晶相可分为 6 种，如图 2.6 所示。通常状态（室温、一个标准大气压下）下，HfO_2 薄膜材料为单斜相（空间群为 $P2_1/c$)，其相对介电常数为 16～22，无铁电性；当环境温度上升至 1973 K 时，HfO_2 薄膜材料由单斜相转变为四方相（空间群为 $P4_2/nmc$)，相对介电常数上升至 40～70，无铁电性；当环境温度进一步上升至 2830 K 时，HfO_2 薄膜材料转化为立方相（空间群为 $Fm3m$)，相对介电常数下降至 29，无铁电性。此外，在高压、高温等复杂条件下，HfO_2 薄膜材料还可转化为其他 3 种中心对称的正交相，空间群分别为 $Pbca$、$Pbcm$ 和 $Pnma$。研究表明，上述 6 种结晶相均为中心对称结构。因此，传统无掺杂的 HfO_2 薄膜材料并不具备产生铁电性的能力。

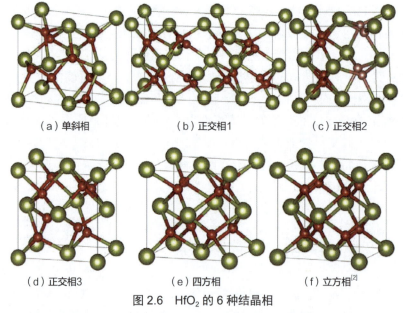

(a) 单斜相　　　　(b) 正交相1　　　　(c) 正交相2

(d) 正交相3　　　　(e) 四方相　　　　(f) 立方相[2]

图 2.6　HfO_2 的 6 种结晶相

2.2.2　掺杂工程

2011 年，德国科学家 Böscke 在研究掺杂 SiO_2 诱导 HfO_2 薄膜材料发生相变时，意外发现掺杂 SiO_2 的 HfO_2 薄膜材料（Si:HfO_2，即 HSO）具有可被电场调控的极化特性，并且其剩余极化强度和矫顽场强度随掺杂浓度（用掺杂物质所占的摩尔百分比表示）变化而发生显著变化，如图 2.7 所示[13]。通过 X 射线衍射（X-Ray Diffraction，XRD）分析发现，相比无铁电性的 HSO 薄膜材料，有铁电性的 HSO 薄膜材料在 30.7°附近展现出极强的 X 射线衍射峰。这意味着，HSO 薄膜材料在由单斜相向四方相转变的过程中产生了新的非中心对称的正交相，从而产生了铁电性。通过比对类似材料的 X 射线衍射图谱，Böscke 认为上述非中心对称铁电性正交相应归属于空间群 $Pbc2_1$，如图 2.8 所示。至此，具有良好硅基 CMOS 工艺兼容性的氧化铪基铁电材料正式步入了历史舞台。

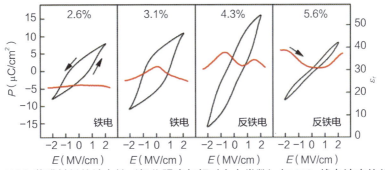

图 2.7　HSO 薄膜材料的铁电性（极化强度与相对介电常数）与 SiO_2 掺杂浓度的关系[13]

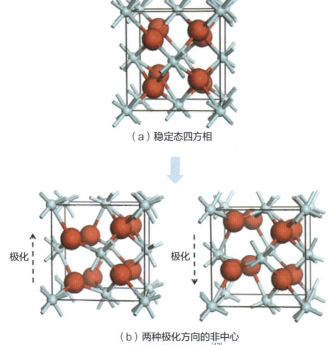

（a）稳定态四方相

（b）两种极化方向的非中心
　　　对称铁电性正交相[13]

图 2.8　非中心对称铁电性正交相的形成

在此之后，Böscke 等人相继报道了包含锆（Zr）[14]、钇（Y）[15]、铝（Al）[16]、钆（Gd）[17]、锶（Sr）[18] 和镧（La）[19] 等元素在内的氧化铪基铁电材料掺杂工程。Polakowski 和 Müller 甚至还在外界应力的作用下制备了具有铁电性的无掺杂 HfO_2 薄膜材料[20]。然而，上述几种氧化铪基铁电材料的掺杂浓度、剩余极化强度、矫顽场强度各不相同，如表 2-3 所示。

表 2-3　HfO_2 中掺入不同掺杂剂的材料参数[21]

掺杂剂	化合价	掺杂浓度（%）	电极机械应力	薄膜厚度（nm）	P_r（μC/cm²）	E_c（V/cm）	晶格常数（Å）
Si	+4	3.1～4.0	有	7～12	24	0.8～1.0	5.43
Zr	+4	30～60	无	7.5～9.5	17	1.0	3.23 5.15
Y	+3	2.3～8	有或无	10	24	1.2～1.5	3.65 5.73
Al	+3	4.8～7.1	无	16	16	1.3	4.05
Gd	+3	2.0～3.0	有	10	12	1.75	3.63 5.78
Sr	+2	9.9～22	有	7～12	23	2.0	6.08
La	+3	—			45	1.2	3.77

首先，Zr:HfO_2（HZO）中掺杂剂的掺杂浓度为 30%～60% 时，材料均可表现出明显的铁电性，掺杂浓度远大于其他掺杂剂的铁电掺杂浓度；其次，由于 Zr、Al 等掺杂剂的晶格常数小于 Hf 的，因此可以实现无机械应力条件下的铁电性；最后，La:HfO_2 铁电材料可表现出的剩余极化强度接近其他氧化铪基铁电材料的两倍。此外，如图 2.9 所示，由于 Si、Al 等掺杂剂的晶格常数小于 Hf 的，在实现铁电掺杂后，可通过继续提高掺杂浓度实现四方相耦合的反铁电性。

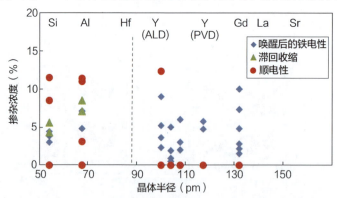

图 2.9　不同元素的掺杂浓度对 HfO_2 铁电性的影响[21]

注：ALD 为 Atomic Layer Deposition，原子层沉积；PLD 为 Physical Vapor Deposition，物理气相沉积。

综上所述，由于掺入的掺杂剂会在 HfO_2 中引入应变，使 HfO_2 实现从中心对称四方相到非中心对称铁电性正交相的转变，从而形成铁电性。同时，受限于多种掺杂剂不同的晶格常数和应变量，氧化铪基铁电材料展现出各不相同的铁电掺杂范围、剩余极化强度、矫顽场强度以及绝缘介电性等。

2.2.3 工艺探索

氧化铪基铁电材料铁电性的形成因素复杂，电学性能与薄膜结晶相结构直接相关，掺杂浓度、电极机械应力、退火工艺和沉积工艺对晶体结构都有着直接的影响，下面将详细介绍这些因素对氧化铪基铁电材料电学性能和可靠性的影响。

1. 掺杂浓度

HZO 因为具有极低的工艺温度预算，是铁电器件集成化应用领域最具潜力的材料之一。同时考虑到其电学性能（包括顺电性、铁电性和反铁电性）随掺杂浓度的改变而发生显著变化，本部分将基于 HZO 展开掺杂浓度对氧化铪基铁电材料电学性能影响的讨论。

基于 ALD 工艺生长的 HZO，其掺杂浓度是通过调控 ZrO_2 和 HfO_2 在生长过程中的沉积次数比例进行调控的。利用图 2.10 所示的电容结构来表征厚度为 9 nm 的 HZO 薄膜的电学性能，电学性能的表征将基于频率为 1 kHz 的三角波序列进行。

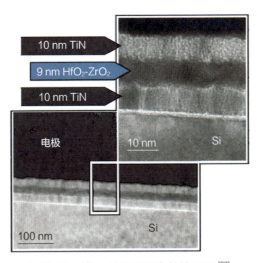

图 2.10　基于 ALD 工艺生长的 HZO[22]

图 2.11 汇总了在 Zr 掺杂浓度从 0% 上升至 100% 的过程中，HZO 铁电材料电学性能的变化趋势。当掺杂浓度为 0% 时，HfO_2 薄膜极化强度随外加电场呈线性响应，剩余极化强度几乎为零，因此此时的薄膜不具备铁电性；当掺杂浓度上升至 30%～50% 时，HZO 薄膜极化强度对外加电场的响应曲线逐渐饱和，其剩余极化强度逐步上升至 15～18 $\mu C/cm^2$，薄膜具备明显的铁电性；当掺杂浓度继续上升至 70%～100% 时，HZO 薄膜极化强度对外加电场的响应在零电势附近逐渐夹断，剩余极化强度急剧下降，饱和极化强度也呈衰减趋势，此时薄膜的铁电性衰退、反铁电性产生。

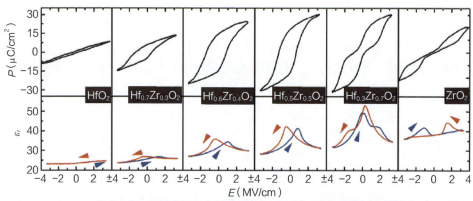

(a) 不同Zr掺杂浓度下HZO的极化强度及相对介电常数对外加电场的响应

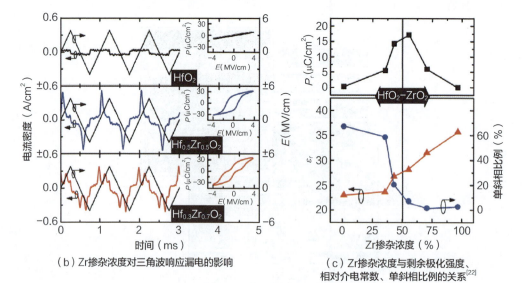

(b) Zr掺杂浓度对三角波响应漏电的影响

(c) Zr掺杂浓度与剩余极化强度、相对介电常数、单斜相比例的关系[22]

图 2.11 HZO 铁电材料电学性能

此外，在 Zr 掺杂浓度不断上升的过程中，HZO 薄膜的介电常数同样产生了剧烈的变化。

（1）当掺杂浓度为 0% 时，HfO_2 薄膜介电常数稳定于 23 附近，表现出可忽略的电场强度依赖性。此时，HfO_2 薄膜的晶体结构主要为单斜相。

（2）当掺杂浓度上升至 30%～50% 时，HZO 薄膜介电常数曲线呈现出逐步上升的态势，这主要归因于 HZO 薄膜中单斜相的比例急剧下降且四方相和非中心对称铁电性正交相的比例持续上升，此时的相对介电常数接近 30，且表现出典型的铁电性"蝴蝶形"响应曲线。

（3）当掺杂浓度上升至 70%～100% 时，HZO 薄膜中单斜相的比例继续减小，介电常数获得了进一步的提升（介电常数升至 35），典型的铁电性"蝴蝶形"响应曲线逐步演变成典型的反铁电性"蝴蝶对形"响应曲线。在此过程中，HZO 薄膜零电势附近的介电常数在掺杂浓度为 70% 左右时达到了最大值，这归因于"多态相边界"铁电材料的形成，也是"后摩尔时代"极具潜力的高介电响应新型应用领域。

综上所述，通过改变氧化铪基铁电材料的掺杂浓度可调整薄膜结晶相结构，进而影响铁电性、剩余极化强度、矫顽场强度以及相对介电常数在内的各项电学性能。因此，基于掺杂浓度工程的铁电性调控适用于复杂环境下的铁电性应用，如非易失性铁电存储器、高存储电荷密度动态随机存储器、高能量密度储能器件等。

2. 电极机械应力

电极机械应力作为引入应变最直接的变量，可显著调控氧化铪基铁电材料的结晶相结构，从而改变薄膜的电学性能，已引起了广泛关注[23-27]。本部分将继续基于 HZO，讨论电极机械应力对铁电性、剩余极化强度等相关电学性能的调控作用。

电极机械应力对电学性能影响的研究是基于金属顶电极/HZO 铁电材料/氮化钛底电极结构进行的。其中，顶电极材料为具有不同热膨胀系数的金（Au）、铂（Pt）、氮化钛（TiN）、钽（Ta）、钨（W）等金属材料。由于具有铁电性的非中心对称正交相通常在后退火工艺中形成，因此逐渐增大的热膨胀系数将产生层次变化的机械应力。HZO 铁电材料同样采用 ALD 工艺生长，淀积温度为 280 ℃。

图 2.12（a）和图 2.12（b）所示为 HZO 铁电材料的 X 射线光电子能谱（X-ray Photoelectron Spectroscopy，XPS）和掠入射 X 射线衍射（Grazing Incidence X-Ray Diffraction，GIXRD）图谱。基于 XPS 分析，500 ℃下退火 30 s 的 HZO 铁电

材料在 Zr:3d 和 Hf:4f 附近的能谱强度几乎相同,由此明确了 HZO 铁电材料中的 Zr 掺杂浓度约为 50%。此外,相比于未退火样品,退火样品在 30.7°附近的 X 射线衍射峰的强度显著上升,确定了退火过程中形成了非中心对称铁电性正交相。经过高分辨透射电子显微镜(High Resolution Transmission Electron Microscope,HRTEM)成像技术分析,HZO 铁电材料厚度约为 10 nm,呈现明显的结晶状态,如图 2.12(c)和图 2.12(d)所示。

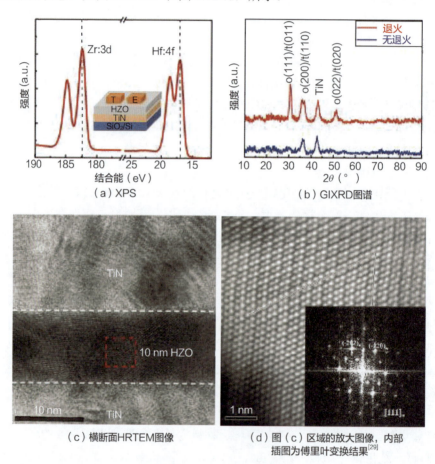

图 2.12 HZO 铁电材料表征

注:(b)图中 o 代表正交相,t 代表四方相。

电学性能测试基于金属顶电极/HZO 铁电材料/氮化钛底电极结构展开,测试设备为 Agilent B1500 半导体参数分析仪和 Agilent B1530 极化特性分析模块。图 2.13 所示为该电极结构的电学性能。顶电极材料分别为 Au、Pt、TiN、Ta、W,热膨胀系数分别为 14.21×10^{-6}/K、8.8×10^{-6}/K、6.68×10^{-6}/K、6.39×10^{-6}/K、

$4.5×10^{-6}$/K。测试发现,当顶电极材料由 Au 变为 W 时,HZO 铁电材料剩余极化强度(2Pr)从 22.8 μC/cm² 上升至 38.7 μC/cm²。统计发现,HZO 铁电材料剩余极化强度与顶电极金属热膨胀系数呈负相关关系。相关的研究表明,面内应变将促使铁电材料中的四方相朝 c 轴拉伸,从而实现四方相到非中心对称铁电性正交相的转变[27-28]。因此,当顶电极从 Au 变为 W 时,缩小的热膨胀系数会使得面内压应变逐步转变为面内张应变,从而提升了非中心对称铁电性正交相的组分比例,进而提升了 HZO 铁电材料的剩余极化强度。

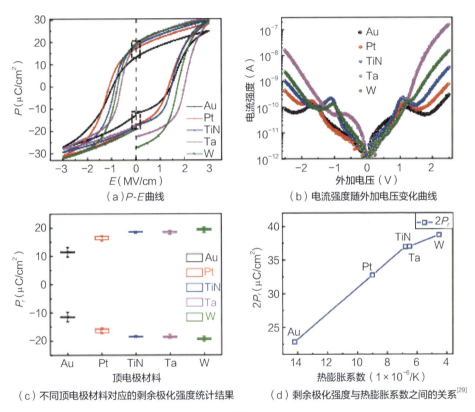

(a)P-E 曲线　　　　　　　　(b)电流强度随外加电压变化曲线

(c)不同顶电极材料对应的剩余极化强度统计结果　　(d)剩余极化强度与热膨胀系数之间的关系[29]

图 2.13　电极结构电学性能

综上所述,电极机械应力具备大幅度调节氧化铪基铁电材料结晶相结构的能力,也因此具备工程性优化铁电性的可能,可适应更多铁电性应用的复杂需求。针对氧化铪基铁电材料严重的应变依赖性:一方面需要注意复杂环境下氧化铪基铁电材料的可靠性问题,如柔性铁电器件的弯曲应用;另一方面可以探索具有压变潜能的多铁电体交互感知应用,如压电/铁电交互器件。

3. 退火工艺

如上所述，氧化铪基铁电材料铁电性严重依赖于其晶体结构中非中心对称铁电性正交相的比例。在退火过程中，该结构的产生受掺杂剂、电极机械应力等各项因素的调控。因此，决定了结晶过程的退火工艺引起了人们极大的研究兴趣。目前，针对退火工艺的研究通常包括如下类型：

（1）改变退火温度，研究结晶过程的温度依赖性[30-32]；

（2）改变退火时间周期，讨论能量总量对于氧化铪基铁电材料铁电性的影响[33]；

（3）调整退火工艺中的冷却速率，探索非中心对称铁电性正交相比例的限制因素，进而改善氧化铪基铁电材料的剩余极化强度[34]。

其中，退火温度和退火时间周期对铁电性的影响机理已被众多学者研究阐明，所以本部分将着重讨论退火工艺中的冷却速率对铁电性的影响。

退火工艺中的冷却速率对铁电性影响的研究基于 Al:HfO_2（HAO）铁电材料及其电容结构展开，其制备工艺流程如图 2.14 所示。利用 ALD 工艺将 HAO 铁电材料淀积在 P 型重掺杂的硅衬底上，淀积温度为 280 ℃，Al 的掺杂浓度为 6.4%，薄膜厚度为 10 nm。淀积完成后，利用反应离子溅射工艺实现顶电极 TiN/W 的生长，并通过光刻和刻蚀工艺形成直径为 200 μm 的圆形顶电极。采用 700 ℃ 氮气氛围退火工艺，分别采取具有不同冷却速率的冷却方法。退火工艺中的冷却速率取决于冷却环境，冷却方法包括腔室自然冷却、大气环境自然冷却以及淬火冷却。

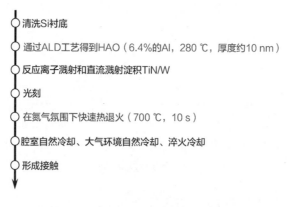

图 2.14　HAO 铁电材料制备工艺流程

图 2.15（a）为 HAO 铁电材料的电容结构示意。如图 2.15（b）所示，HAO 铁电材料在经历 700 ℃ 氮气氛围退火后，基于腔室自然冷却、大气环境自然冷却以及淬火冷却等冷却方法，冷却速率分别为 2.3 ℃/s、4.3 ℃/s 和 68 ℃/s。此

时，P-E 曲线随冷却速率的加快呈逐渐饱和趋势，剩余极化强度同步增强[见图 2.15（c）]。由图 2.15（d）可知，当降温环境为腔室自然冷却环境时，HAO 铁电材料的剩余极化强度为 8.5 μC/cm²，矫顽场强度为 3.2 MV/cm；当冷却速率基于大气环境提升至 4.3 ℃/s 时，其剩余极化强度和矫顽场强度分别上升至 25 μC/cm² 和 4.4 MV/cm；当冷却速率基于淬火冷却急剧提升至 68 ℃/s 时，其剩余极化强度达到 50 μC/cm²，已逼近氧化铪基铁电材料理论极限，其矫顽场强度同样增大至 4.75 MV/cm。

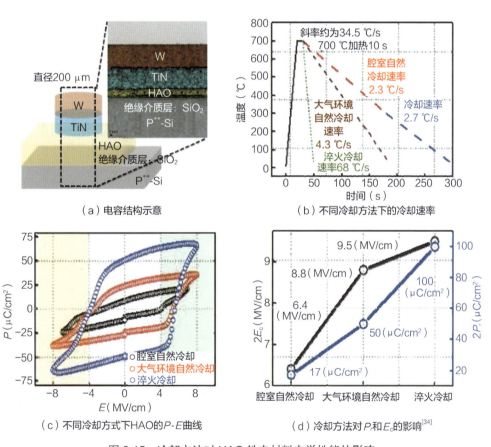

图 2.15 冷却方法对 HAO 铁电材料电学性能的影响

针对上述现象，研究者深入分析了 3 种退火工艺下 HAO 铁电材料的晶粒大小、结晶状态以及应变强度，以阐明剩余极化强度显著提升的机理。图 2.16 所示为不同冷却速率下 HAO 铁电材料的扫描电子显微镜（Scanning Electron Microscope，SEM）俯视图及平均晶粒半径统计结果。分析发现，晶粒大小与冷却速率呈负相关关系。

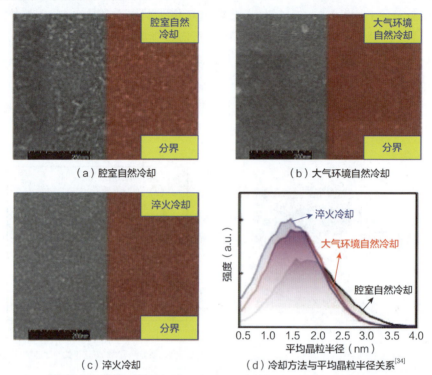

(a)腔室自然冷却　　　　　　(b)大气环境自然冷却

(c)淬火冷却　　　　　　(d)冷却方法与平均晶粒半径关系[34]

图 2.16　HAO 铁电材料的 SEM 俯视图及平均晶粒半径统计结果

为进一步明确 HAO 铁电材料的结晶状态，研究者针对上述样品进行了 HRTEM 和 GIXRD 分析。如图 2.17 所示，经历上述 3 种退火工艺后，形成了高质量的结晶体。

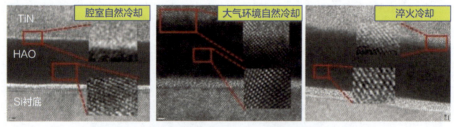

图 2.17　HAO 在腔室自然冷却、大气环境自然冷却、
淬火冷却方法下的 HRTEM 图谱[34]

如图 2.18 所示，根据 GIXRD 图谱分析，HAO 铁电材料在 30.7°附近形成的高强度衍射峰再次证实了高结晶质量的非中心对称铁电性正交相的形成。通过应变强度分析发现，相比于慢速降温，经历淬火工艺的 HAO 铁电材料仍保

留了高强度的应变,如图 2.19 所示。

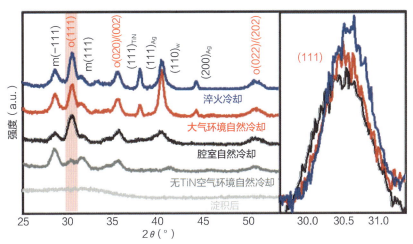

图 2.18　HAO 在腔室自然冷却、大气环境自然冷却、淬火冷却方法下的 GIXRD 图谱[34]

注：m 代表单斜相。

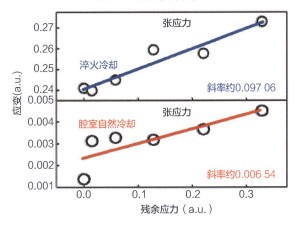

图 2.19　HAO 在淬火冷却和腔室自然冷却方法下的残余应力和应变比较[34]

综上所述,结论如下：原本均匀分布于 HAO 薄膜材料中的正电性点缺陷,在退火过程中,将与负电性氧空位耦合聚集于畴壁附近,从而可制约铁电畴的翻转,进而导致铁电性和剩余极化强度的衰退。而快速淬火工艺可以减少正电性点缺陷和负电性氧空位的迁移,因而具备显著增强的剩余极化强度和铁电性,如图 2.20 所示。快速淬火工艺可通过缩短降温时间,避免正电性点缺陷和负电性氧空位的大量迁移和耦合,从而减小畴壁附近的电偶极子浓度,可显著增强氧化铪基铁电材料的剩余极化强度和铁电性。这一技术可有力推动具有高极化强度需求的铁电类应用（如快速非易失性铁电存储器、多状态类神经突触功能器件以及存内计算铁电器件等）的发展。

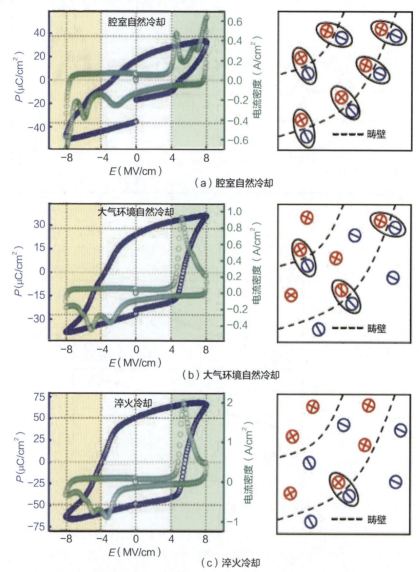

图 2.20　3 种冷却方法的差异瞬态信号的极化响应电流、极化强度曲线以及缺陷和畴壁分布

2.3　新型氧化铪基铁电材料的应用

氧化铪基铁电材料自诞生之初，就因其良好的硅基 CMOS 工艺兼容性被

学术界和工业界寄予厚望。近10年来，氧化铪基铁电材料相关应用已涉及集成电路产业诸多领域，包括快速非易失性铁电存储器、低功耗负电容场效应晶体管、多状态类神经突触功能器件、铁电掺杂可重构器件以及高介电响应"多态相边界"绝缘薄膜等。下面将针对近期提出的高介电响应"多态相边界"绝缘材料和非易失性可重构铁电掺杂技术进行简要介绍。

2.3.1 高介电响应"多态相边界"绝缘材料

根据2022年IRDS的预测，半导体器件的基本尺寸将在2028年左右逼近缩放极限，超大规模的器件集成度对器件单位电荷密度和泄漏电流密度提出了新的挑战。因此，发展新型超高介电性绝缘介质薄膜成为当务之急。图2.21所示为绝缘介质薄膜禁带宽度（E_g）和相对介电常数（ε_r）的统计结果，两者先天存在的制约关系"$E_g \sim \varepsilon_r^{-0.65}$"使得绝缘介质薄膜难以同时满足器件对于单位电荷密度和泄漏电流密度的需求[35-37]。为同时满足上述需求，学术界和工业界聚焦氧化铪基薄膜材料的改性，期望在获得超高介电性的同时避免因禁带宽度的缩减而导致泄漏电流增大。

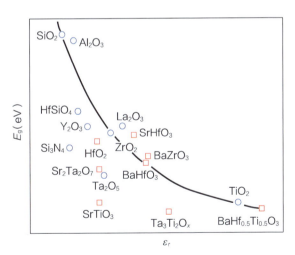

图2.21 绝缘介质薄膜禁带宽度和相对介电常数的统计结果[35-37]

2018年，韩国科学家Park首次提出了具有高介电响应特性的氧化铪基"多态相边界"绝缘材料[38]。通过改变掺杂剂掺杂浓度，HZO铁电材料中产生了非中心对称铁电性正交相朝四方相相变的过程。当HZO铁电材料位于两相临界区域时，即可获得超高介电响应，该状态被称为"多态相边界"。目前，制备氧化铪基"多态相边界"绝缘材料的主要方式包括电场激发、掺杂浓度工程、高压退火工程及淀积温度工程等,如表 2-4 所示。下面将以淀积温度工程所形成的氧化铪基"多态相边界"绝缘材料为例阐述该技术。

表 2-4 制备氧化铪基"多态相边界"绝缘材料的主要方式

材料	实现晶相变化的方法	相对介电常数	泄漏电流（A/cm²）	文献
HZO（75%Zr）	电场激发	48	$<1\times10^{-7}$	[39]
HZO（70%Zr）	掺杂浓度工程	38	—	[35]
HZO（50%Zr）	掺杂浓度工程	47	1×10^{-6}	[38]
HZO（66%Zr）	高压退火工程	51	1×10^{-7}	[40]
HZO（50%Zr）	高压退火工程	52	—	[41]
HAO（3.2%Al）	淀积温度工程	68	1.5×10^{-5}	[42]

图 2.22（a）所示为 HAO 铁电材料及其电容结构的制备流程。顺次生长的底电极 W、HAO 铁电材料和顶电极 W,分别采用磁控溅射和 ALD 工艺。需要注意的是,淀积温度工程包括 5 个不同的淀积温度（T_{Dep}）：300 ℃、290 ℃、280 ℃、270 ℃、260 ℃。电容结构堆叠完毕后,顶电极将通过接触式光刻和反应离子刻蚀工艺形成。随后,所有器件通过 700 ℃ 氮气氛围退火实现 HAO 铁电材料结晶。图 2.22（b）所示为电容结构的能量色散 X 射线谱（X-ray Energy Dispersive Spectrum,EDS）和 HRTEM 图谱,此结构中 HAO 的厚度（t_{HAO}）分别为 10 nm 和 9.2 nm。

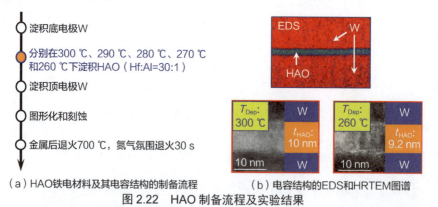

（a）HAO 铁电材料及其电容结构的制备流程　　（b）电容结构的 EDS 和 HRTEM 图谱

图 2.22　HAO 制备流程及实验结果

图 2.23（a）展示了淀积温度为 260～300 ℃ 的 HAO 铁电材料的极化特性。研究发现,当淀积温度由 300 ℃ 逐步递减至 260 ℃ 时,HAO 铁电材料在电镀后退火（Post Metallization Annealing,PMA）温度为 750 ℃ 的条件下退火得到的电滞回线由典

型的饱和型铁电曲线逐步转变为夹断型反铁电曲线。图 2.23（b）所示为 HAO 铁电材料的扫描电压（V_{Range}）为 $-3 \sim 3$ V 时，极化翻转在不同电压下的概率分布。结果表明，淀积于 300 ℃ 的 HAO 铁电材料在电压扫描过程中，仅在 -1 V 附近发生了一次高强度的极化翻转，符合铁电性翻转行为；而随着淀积温度的递减，HAO 铁电材料的极化翻转强度显著下降，且逐步分裂成两次独立的翻转行为；当淀积温度为 260 ℃ 时，HAO 铁电材料的两次极化翻转完全分离，且分布于 0 V 左右两侧，为典型的反铁电性翻转行为。图 2.23（c）进一步分析了具有不同淀积温度的 HAO 铁电材料的极化特性。结果表明，随着淀积温度的下降，HAO 铁电材料的剩余极化强度和矫顽场强度均大幅下降，呈现出明显的铁电性向反铁电性转变的趋势。为明确上述铁电性转变的原因，研究者针对具有不同淀积温度的 HAO 铁电材料进行了 GIXRD 图谱分析。结果发现，位于 30.7°和 51°附近的四方相和非中心对称铁电性正交相的混合峰，在淀积温度下降的过程中，呈现出由非中心对称铁电性正交相朝四方相转变的趋势。综上所述，氧化铪基铁电材料淀积温度可有力驱动薄膜由铁电性向反铁电性转变，其本质是发生了由非中心对称铁电性正交相变为四方相的相变过程。因此，氧化铪基铁电材料具备形成高介电响应氧化铪基"多态相边界"绝缘材料的潜力。

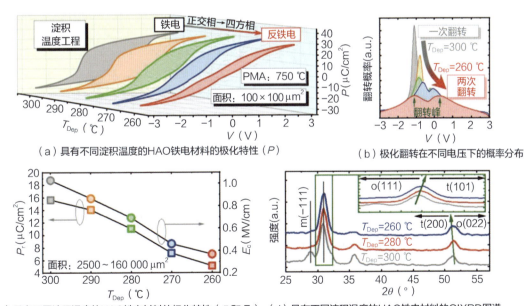

（a）具有不同淀积温度的HAO铁电材料的极化特性（P）
（b）极化翻转在不同电压下的概率分布
（c）具有不同淀积温度的HAO铁电材料的极化特性（P 和 E_c）
（d）具有不同淀积温度的HAO铁电材料的GIXRD图谱

图 2.23　HAO 铁电材料极化特性及其 GIXRD 图谱分析结果

图 2.24 所示为针对具有不同淀积温度的 HAO 铁电材料的绝缘介电性的分析结果。图 2.24（a）展示了 HAO 铁电材料的电容特性曲线。随着淀积温度的递减，其电容特性曲线由典型的铁电性"蝴蝶形"逐步转变为反铁电性"蝴蝶对形"，再次明确了淀积温度对 HAO 铁电材料的相变驱动能力。图 2.24（b）统计了具有不同淀积温度的 HAO 铁电材料在零偏置条件下，退火前和退火后的相对介电常数。结果表明，得益于退火后的薄膜结晶，HAO 铁电材料在 260～300 ℃ 的淀积温度范围内呈现出增强的绝缘介电性。

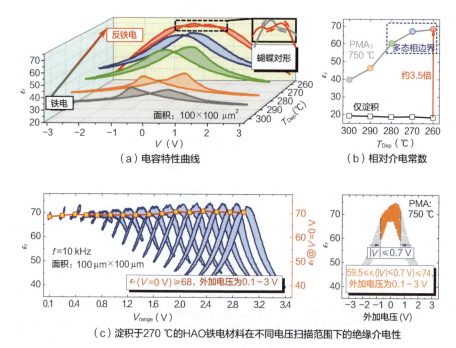

(a) 电容特性曲线

(b) 相对介电常数

(c) 淀积于 270 ℃ 的 HAO 铁电材料在不同电压扫描范围下的绝缘介电性

图 2.24 HAO 铁电材料绝缘介电性分析结果

此外，需要强调的是，退火后的 HAO 铁电材料的绝缘介电性随淀积温度的下降显著增强。当淀积温度下降至 260～280 ℃ 时，HAO 铁电材料实现了超高相对介电常数（61～69），从而实现了"多态相边界"绝缘材料的制备。考虑到极化电荷的快速翻转对介电性的干扰，研究者还分析了淀积于 270 ℃ 的 HAO 绝缘材料在不同电压扫描范围下的绝缘介电性。如图 2.24（c）所示，淀积温度为 270 ℃ 的 HAO 绝缘材料在电压扫描范围从 –0.1～0.1 V 变化到 –3～3 V 时，零偏置条件下的绝缘介电性恒定不变。现代集成电路晶体管驱动电压为 –0.7～0.7 V，相对介电常数始终保持在 59.5～74。图 2.25 所示为氧化铪基铁电材料的相对介电常数统计结果。研究者基于淀积温度工程，首次实现了高介电响应氧化铪基"多态相边界"绝缘材料的制备，材料相对介电常数高达 68，且已逼近氧化铪基铁电材料绝缘介电性的理论极限。

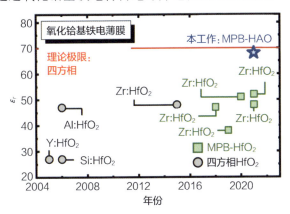

图 2.25　氧化铪基铁电材料相对介电常数统计结果

注：MPB 为 Morphotropic Phase Boundary，多态相边界。

2.3.2　非易失性可重构铁电掺杂技术

如前文所述，集成电路产业晶体管尺寸缩减所提供的指数级发展动力驱动了人类社会的飞跃式发展。2021 年，中国成功量产的 5 nm 芯片的单个芯片内的晶体管数目突破 100 亿。同年，IBM 宣布突破 2 nm 芯片技术，其单个芯片内的晶体管数目可达 500 亿。然而，受制于逼近物理极限的晶体管尺寸，集成电路产业正逐步步入后摩尔时代。此时，设计与工艺协同优化（Design Technology CO-optimization，DTCO）、系统与工艺协同优化（System Technology CO-optimization，STCO）技术将协同晶体管尺寸缩减，为集成电路产业的发展注入新的动力。

基于可重构铁电掺杂技术的可重构晶体管，具备工作模式可切换的能力，可实现功能芯片工作模式的切换，从而提升单位面积的功能密度，已成为 DTCO 技术的重要组成部分。图 2.26 所示为电学掺杂结构及技术原理示意。当偏置电压 $V_G > 0$ V 时，半导体电注入费米能级向导带靠近，从而形成电子富集的 N 型掺杂；当偏置电压 $V_G < 0$ V 时，半导体电注入费米能级向价带靠近，相应地形成空穴富集的 P 型掺杂。然而，上述掺杂的有效性严重依赖于偏置电压。偏置电压必须维持恒定，这将给芯片的功耗和电路设计空间带来极大考验。2021 年，西安电子科技大学基于氧化铪基铁电材料提出了非易失性可重构铁电掺杂技术，直接突破了上述

技术瓶颈。下面将讨论非易失性可重构铁电掺杂技术的原理及潜在应用。

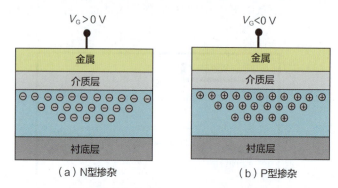

图 2.26　电学掺杂结构及技术原理示意

图 2.27 所示为非易失性可重构铁电掺杂技术原理示意。区别于传统绝缘介电材料，铁电材料具有随外界电场可翻转的非易失性自发极化特性。如图 2.27（b）所示，当外界调制信号为正脉冲时，脉冲结束后铁电材料内保留大量正电性剩余极化电荷，从而在半导体内感应出电子富集的 N 型掺杂区域；相反，当外界调制信号为负脉冲时，脉冲结束后铁电材料内将保留大量负电性剩余极化电荷，因而产生空穴富集的 P 型掺杂区域。图 2.28 所示为基于 TCAD Sentaurus 计算工具拟合的铁电电容电滞回线和仿真的铁电电学掺杂结构对脉冲调制信号的响应曲线。其中，描述铁电极化特性的模型为 Preisach 模型。对此模型施加振幅为 3 V、周期为 10 μs 的脉冲激励后，铁电材料剩余极化强度保持在 11 μC/cm^2；当脉冲激励为方波（−3 V、10 μs）时，剩余极化强度为 −18 μC/cm^2，并求得铁电材料的相对介电常数（ε_{FE}）为 32，延时（t_e）为 5 μs。

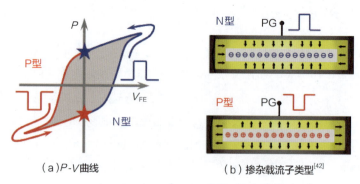

图 2.27　非易失性可重构铁电掺杂技术原理
注：PG 为 Programming Gate，编程栅极。

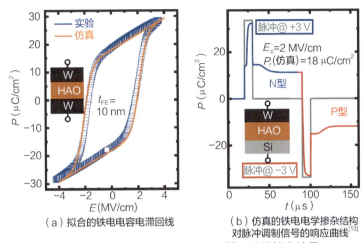

(a) 拟合的铁电电容电滞回线

(b) 仿真的铁电电学掺杂结构对脉冲调制信号的响应曲线[13]

图 2.28 基于 TCAD Sentaurus 计算工具的拟合结果

基于上述掺杂方式，研究者构建了非易失性可重构铁电掺杂晶体管。图 2.29 为非易失性可重构铁电掺杂纳米片晶体管结构及其工作机理示意。晶体管源漏区域被金属/铁电材料的铁电掺杂结构所包围，如图 2.29（a）所示。当 PG 调制信号为正脉冲时，晶体管源漏区域电注入费米能级靠近导带，因而产生电子富集的 N 型掺杂，此时晶体管表现为 N 型工作模式，如图 2.29（b）左图所示；当 PG 调制信号为负脉冲时，晶体管源漏区域电注入费米能级靠近价带，因而产生空穴富集的 P 型掺杂，此时晶体管表现为 P 型工作模式，如图 2.29（b）右图所示。

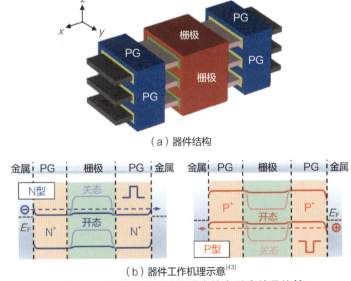

(a) 器件结构

(b) 器件工作机理示意[43]

图 2.29 非易失性可重构铁电掺杂纳米片晶体管

图 2.30 所示为经振幅为 3 V、周期为 10 μs 的正负脉冲信号调制后的晶体管载流子浓度分布结果。正负脉冲调制后，晶体管源漏区域分别呈现为电子富集的 N 型掺杂和空穴富集的 P 型掺杂，晶体管工作模式因而可以动态切换为 N、P 型工作模式。图 2.31 所示为对应的晶体管在 N 型和 P 型工作模式下的转移特性曲线。相比于传统器件，非易失性可重构铁电掺杂晶体管得益于先天存在的轻掺杂漏极（Lightly Doped Drain，LDD），极大地抑制了短沟道效应，获得了改善的亚阈值特性和漏极引入的势垒降低效应。此外，需要注意的是，受制于源漏肖特基接触，上述晶体管中的电流远小于传统器件的。

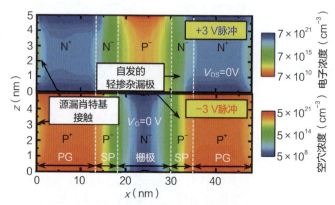

图 2.30　晶体管载流子浓度分布[43]

注：SP 为栅极与源 / 漏极的距离。

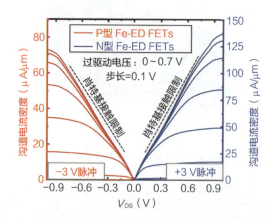

图 2.31　晶体管在 N 型和 P 型工作模式下的转移特性曲线[43]

注：Fe-ED 为 Ferroelectric Based Electrostatic Doping，铁电静电掺杂。

2.3.2 节简要介绍了非易失性可重构铁电掺杂技术及非易失性可重构铁电掺

杂晶体管。非易失性可重构铁电掺杂技术不仅保留了电学掺杂的可重构性，同时基于其非易失性自发极化特性可避免传统电学掺杂对恒定偏置电压的需求，极大地优化了晶体管及芯片的功耗和设计空间，进一步推动了可重构逻辑电路、芯片以及 DTCO 技术的发展。

2.4 本章小结

本章介绍了铁电材料发展历史以及氧化铪基铁电材料发展的必要性，并详细阐述了氧化铪基铁电材料的几个关键技术问题，包括铁电性来源、铁电性能调控和工艺探索、新型铁电材料应用。

（1）铁电材料的自发极化特性直接依赖于材料的非中心对称结构。对氧化铪基材料而言，其基本晶体结构仅包含单斜相、四方相、立方相以及其他 3 种中心对称的正交相，因此常规氧化铪基材料并不具备实现铁电性的能力。研究发现，通过外界应变的引入可以促使四方相转变为非中心对称铁电性正交相，从而可以实现铁电性。

（2）氧化铪基铁电材料非中心对称铁电性正交相的形成依赖于外界应变的引入，最主要的方式即掺杂工程。掺杂剂主要包括 Zr、Al 等。此外，氧化铪基铁电材料铁电性直接取决于材料内部非中心对称铁电性正交相的组分比例，因此可以通过改变掺杂浓度、电极机械应力、退火工艺等手段进行调控。

（3）具有良好硅基 CMOS 工艺兼容性的氧化铪基铁电材料，已逐步应用于微电子行业的多个领域，包括具备高可靠性和尺寸缩减能力的非易失性铁电存储器、具备陡峭 SS 的低功耗负电容场效应晶体管、权值可调控的多状态类神经突触功能器件等。此外，针对集成电路产业进一步提升晶体管功能密度的需求，本章还详细介绍了相对介电常数高达 68 的氧化铪基"多态相边界"绝缘材料、非易失性可重构铁电掺杂技术及多功能非易失性可重构铁电掺杂晶体管。

参考文献

[1] HAERTLING G H. Ferroelectric ceramics: history and technology[J]. Journal of the American Ceramic Society, 1999, 82(4): 797-818.

[2] UWE S, CHEOL S H, HIROSHI F, et al. Ferroelectricity in doped hafnium oxide: materials, properties and devices[M]. Cambridge: Woodhead Publishing, 2019.

[3] DAMJANOVIC D. Ferroelectric, dielectric and piezoelectric properties of ferroelectric thin

films and ceramics[J]. Reports on Progress in Physics, 1998, 61(9): 1267-1324.

[4] HOFFMANN M, FENGLER F P G, HERZIG M, et al. Unveiling the double-well energy landscape in a ferroelectric layer[J]. Nature, 2019, 565(7740): 464-467.

[5] VALASEK J. Piezo-electric and allied phenomena in rochelle salt[J]. Physical Review, 1921, 17(4): 475-481.

[6] BUCK D A. Ferroelectrics for digital information storage and switching master's thesis[R]. Massachusetts Institute of Technology Digital Computer Laboratory, 1952.

[7] RIDENOUR L N. Computer memories[J]. Scientific American, 1955, 192(6): 92-101.

[8] COMPUTER HISTORY MUSEUM. 1970: semiconductors compete with magnetic cores [EB/OL]. (2015-08-24)[2023-03-01].

[9] THAKOOR S, THAKOOR A P. Optically addressed ferroelectric memory with nondestructive readout[J]. Applied Optics, 1995, 34(17): 3136-3144.

[10] 方俊鑫, 殷之文. 电介质物理学[M]. 北京：科学出版社, 1989.

[11] 张福学. 现代压电学（下册）[M]. 北京：科学出版社, 2002.

[12] MÜLLER J, POLAKOWSKI P, MUELLER S, et al. Ferroelectric hafnium oxide based materials and devices: assessment of current status and future prospects[J]. ECS Journal of Solid State Science and Technology, 2015, 4(5): N30-N35.

[13] BÖSCKE T S, MÜLLER J, BRÄUHAUS D, et al. Ferroelectricity in hafnium oxide thin films[J]. Applied Physics Letters, 2011, 99(10): 102903.

[14] MÜLLER J, BÖSCKE T S, BRÄUHAUS D, et al. Ferroelectric $Zr_{0.5}Hf_{0.5}O_2$ thin films for nonvolatile memory applications[J]. Applied Physics Letters, 2011, 99(11): 112901.

[15] MÜLLER J, SCHRÖDER U, BÖSCKE T S, et al. Ferroelectricity in yttrium-doped hafnium oxide[J]. Journal of Applied Physics, 2011, 110(11): 114113.

[16] MUELLER S, MUELLER J, SINGH A, et al. Incipient ferroelectricity in Al-doped HfO_2 thin films[J]. Advanced Functional Materials, 2012, 22(11): 2412-2417.

[17] MUELLER S, ADELMANN C, SINGH A, et al. Ferroelectricity in Gd-doped HfO_2 thin films[J]. ECS Journal of Solid State Science and Technology, 2012, 1(6): N123-N126.

[18] SCHENK T, MUELLER S, SCHROEDER U, et al. Strontium doped hafnium oxide thin films: wide process window for ferroelectric memories[C]//2013 Proceedings of the European Solid-State Device Research Conference (ESSDERC). IEEE, 2013: 260-263.

[19] MÜLLER J, YURCHUK E, SCHLÖSSER T, et al. Ferroelectricity in HfO_2 enables nonvolatile data storage in 28 nm HKMG[C]//2012 Symposium on VLSI Technology (VLSIT). IEEE, 2012.

[20] POLAKOWSKI P, MÜLLER J. Ferroelectricity in undoped hafnium oxide[J]. Applied Physics Letters, 2015, 106(23): 232905.

[21] SCHROEDER U, YURCHUK E, MUELLER J, et al. Impact of different dopants on the switching properties of ferroelectric hafniumoxide[J]. Japanese Journal of Applied Physics, 2014, 53(8S1):08LE02.

[22] MULLER J, BOSCKE T S, SCHRODER U, et al. Ferroelectricity in simple binary ZrO_2 and HfO_2[J]. Nano Letters, 2012, 12(8): 4318-4323.

[23] CHERNIKOVA A, KOZODAEV M, MARKEEV A, et al. Confinement-free annealing induced ferroelectricity in $Hf_{0.5}Zr_{0.5}O_2$ thin films[J]. Microelectronic Engineering, 2015(147): 15-18.

[24] SANG X, GRIMLEY E D, SCHENK T, et al. On the structural origins of ferroelectricity in HfO_2 thin films[J]. Applied Physics Letters, 2015, 106(16): 162905.

[25] PARK M H, KIM H J, KIM Y J, et al. Ferroelectric properties and switching endurance of $Hf_{0.5}Zr_{0.5}O_2$ films on TiN bottom and TiN or RuO_2 top electrodes[J]. Physica Status Solidi (RRL)–Rapid Research Letters, 2014, 8(6): 532-535.

[26] PARK M H, LEE Y H, KIM H J, et al. Ferroelectricity and antiferroelectricity of doped thin HfO_2‑based films[J]. Advanced Materials, 2015, 27(11): 1811-1831.

[27] SHIRAISHI T, KATAYAMA K, YOKOUCHI T, et al. Impact of mechanical stress on ferroelectricity in $(Hf_{0.5}Zr_{0.5})O_2$ thin films[J]. Applied Physics Letters, 2016, 108(26): 262904.

[28] PARK M, KIM H J, KIM Y J, et al. The effects of crystallographic orientation and strain of thin $Hf_{0.5}Zr_{0.5}O_2$ film on its ferroelectricity[J]. Applied Physics Letters, 2014, 104(7): 072901.

[29] CAO R, WANG Y, ZHAO S, et al. Effects of capping electrode on ferroelectric properties of $Hf_{0.5}Zr_{0.5}O_2$ thin films[J]. IEEE Electron Device Letters, 2018, 39(8): 1207-1210.

[30] ZHANG Y, XU J, CHOI C K, et al. Investigation of temperature-dependent ferroelectric properties of Y-doped HfO_2 thin film prepared by medium-frequency reactive magnetron co-sputtering[J]. Vacuum, 2020(179): 109506.

[31] ZHANG X, HSU C H, LIEN S Y, et al. Temperature-dependent HfO_2/Si interface structural evolution and its mechanism[J]. Nanoscale Research Letters, 2019, 14(1): 1-8.

[32] KIM H D, ROH Y, LEE Y, et al. Effects of annealing temperature on the characteristics of $HfSi_xO_y/HfO_2$ high-κ gate oxides[J]. Journal of Vacuum Science & Technology A: Vacuum, Surfaces, and Films, 2004, 22(4): 1347-1350.

[33] NARASIMHAN V K, MCBRIARTY M E, PASSARELLO D, et al. In situ characterization of ferroelectric HfO_2 during rapid thermal anealing[J]. Physica Status Solidi (RRL)-Rapid

Research Letters, 2021, 15(5): 2000598.

[34] KU B, CHOI S, SONG Y, et al. Fast thermal quenching on the ferroelectric Al: HfO_2 thin film with record polarization density and flash memory application[C]//2020 IEEE Symposium on VLSI Technology. IEEE, 2020: 1-2.

[35] NI K, SAHA A, CHAKRABORTY W, et al. Equivalent oxide thickness (EOT) scaling with hafnium zirconium oxide high-κ dielectric near morphotropic phase boundary[C]//2019 IEEE International Electron Devices Meeting (IEDM). IEEE, 2019.

[36] ANDO T. Ultimate scaling of high-κ gate dielectrics: higher-κ or interfacial layer scavenging[J]. Materials, 2012, 5(3): 478-500.

[37] FURSENKO O, BAUER J, LUPINA G, et al. Optical properties and band gap characterization of high dielectric constant oxides[J]. Thin Solid Films, 2012, 520(14): 4532-4535.

[38] PARK M H, LEE Y H, KIM H J, et al. Morphotropic phase boundary of $Hf_{1-x}Zr_xO_2$ thin films for dynamic random access memories[J]. ACS applied materials & interfaces, 2018, 10(49): 42666-42673.

[39] KIM S, LEE S H, KIM M J, et al. Method to achieve the morphotropic phase boundary in $Hf_xZr_{1-x}O_2$ by electric field cycling for DRAM cell capacitor applications[J]. IEEE Electron Device Letters, 2021, 42(4): 517-520.

[40] DAS D, JEON S. High-k $Hf_xZr_{1-x}O_2$ ferroelectric insulator by utilizing high pressure anneal[J]. IEEE Transactions on Electron Devices, 2020, 67(6): 2489-2494.

[41] KASHIR A, HWANG H. Ferroelectric and dielectric properties of $Hf_{0.5}Zr_{0.5}O_2$ thin film near morphotropic phase boundary[J]. Physica Status Solidi (a), 2021, 218(8): 2000819.

[42] JIUREN Z, ZUOPU Z, LEMING J, et al. Al-doped and deposition temperature-engineered HfO2 near morphotropic phase boundary with record dielectric permittivity (~68)[C]//2021 IEEE International Electron Devices Meeting (IEDM). Piscataway, USA: IEEE, 2021.

[43] ZHENG S, ZHOU J, AGARWAL H, et al. Proposal of ferroelectric based electrostatic doping for nanoscale devices[J]. IEEE Electron Device Letters, 2021, 42(4): 605-608.

第3章 铁电负电容场效应晶体管的概念及其发展历程

对集成电路产业而言,在飞速提升芯片集成度的同时,持续缩减的特征尺寸也对集成电路的工作电压和功耗提出了新的挑战。近年来,逻辑器件受制于无法同比例缩减的 SS,工作电压始终止步于 0.7 V 附近[1],这极大地阻碍了集成电路芯片性能的进一步提升。因此,本章将介绍一种具备陡峭亚阈值特性的新型低功耗器件——负电容场效应晶体管,主要内容包括:

(1)负电容效应原理解析;
(2)负电容场效应晶体管工作机理;
(3)负电容场效应晶体管发展历程及几个亟待探索的关键技术问题。

3.1 负电容效应

负电容效应是负电容场效应晶体管的核心工作机理,利用栅极电压放大效应可突破玻尔兹曼限制,实现小于 60 mV/decade 的陡峭 SS[2]。

3.1 节的主要目的在于阐明负电容效应相关机理,为具备陡峭 SS 的负电容场效应晶体管的研制提供理论支撑。

3.1.1 负电容效应定义

电容器是电路基本元件之一,常用于存储电荷和能量。电容器通常由两端电极之间的绝缘介质材料组成,如图 3.1 所示[3]。电容与介电常数的关系可表示为:

$$C = A\varepsilon / d \quad (3\text{-}1)$$

$$\varepsilon = \varepsilon_r \varepsilon_0 \quad (3\text{-}2)$$

其中,C 为电容;A 为极板的正对电容面积;d 为绝缘介质材料厚度;而衡量介质材料绝缘性的参数为介电常数 ε,通常以真

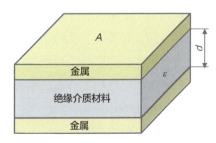

图 3.1 电容器三维示意

空介电常数 $\varepsilon_0 = 8.85 \times 10^{-12}$ F/m 为基准，ε_r 为相对介电常数。

在直流电路中，电容器因为其所包含的绝缘介质材料而产生"断路"现象，阻碍了由偏置电压产生的电荷的流动，受阻碍的电荷聚集在电容器的两侧，从而使电荷和能量存储在电容器中。因此，对传统电容器而言，其存储的电荷量及能量与偏置电压的关系可表示如下[4]：

$$Q = CV \tag{3-3}$$

$$U = Q^2/2C \tag{3-4}$$

$$C = \left[d^2U/dQ^2 \right]^{-1} \tag{3-5}$$

其中，Q 为存储电荷量；V 为偏置电压；U 为存储能量。根据以上公式，传统电容器存储电荷量及能量与偏置电压的关系如图 3.2 所示。对传统电容器而言，其存储电荷量正比于偏置电压，存储能量与存储电荷量绝对值呈正相关关系，当偏置电压为 0 V 时，存储电荷量和存储能量均为零。

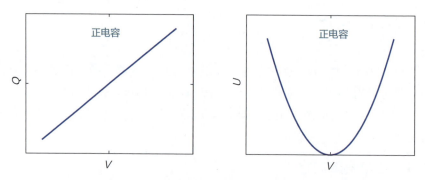

图 3.2　传统电容器存储电荷量及能量与偏置电压的关系曲线

从物理学上讲，电容器是一种静态电荷存储容器，同时也可用于滤波、谐振、耦合、储能、补偿、充放电等电路中，是电力、电子领域不可缺少的电子元件。因此，负电容器件引起了学术界广泛的关注。顾名思义，负电容器件即存储电荷量与偏置电压呈负相关关系的电容器[4]。存储电荷量及能量与偏置电压的关系同样可基于式（3-3）、式（3-4）和式（3-5）表示。图 3.3 为负电容器件对应的存储电荷量及能量与偏置电压的关系曲线。相比于传统电容器，负电容器件的存储电荷量与偏置电压呈负相关关系，且存储能量与偏置电压的关系曲线为开口向下的抛物线。

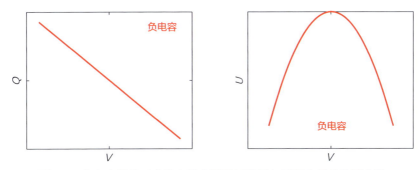

图 3.3 负电容器件对应的存储电荷量及能量与偏置电压的关系曲线

早在 20 世纪 60 年代,美国科学家 Vogel 等人在研究非晶硫属化物薄膜时,就意外地观测到负电容效应[5]。当偏置电压接近阈值电压(V_{TH})时,由测试电容和固定正电容串联形成的电路系统实现了远高于固定正电容的电容值,因而判定形成了负电容。随后在 PN 结[6]、肖特基隧穿结[7]、多晶太阳能电池[8] 和量子器件[9] 等一系列结构中相继发现了负电容效应。然而,数十年的研究并未完全阐明负电容效应形成的物理机理,因此负电容效应及理论仍难以实现应用。

3.1.2 负电容效应原理

2008 年,就读于普渡大学的博士研究生 Salahuddin 及其导师 Datta 教授,基于铁电材料自发极化特性描述模型——朗道 - 哈拉特尼科夫理论(L-K 理论)[2],首次明确提出铁电材料具备产生可控负电容效应的能力,材料的自由能(U)、极化电荷密度 P 和偏置电压(V)的关系可表述为:

$$U = \alpha P^2 + \beta P^4 + \gamma P^6 - EP \tag{3-6}$$

$$E = V/d \tag{3-7}$$

$$\alpha = \alpha_0 (T - T_C) \tag{3-8}$$

其中,E 为偏置电场强度;d 为铁电材料厚度;α、β、γ 为各向异性的铁电参数;α_0 为线性极化强度常数,主要用于描述铁电材料的温度依赖性;T 为环境温度;T_C 为铁电材料居里温度[10]。图 3.4 所示为铁电电容极化特性曲线。

(1)在铁电电容偏置电压由负向正逼近正向矫顽电压的过程中(A→B,ΔV>0),铁电电容存储的极化负电荷随之减少(ΔP>0),此时电荷增量和偏置电压增量呈正相关(dP/dV>0),铁电电容(C_{FE})呈正电容状态。

(2)当铁电电容偏置电压越过正向矫顽电压由正向负扫描时(B→C,ΔV<0),铁电电容存储的极化电荷由负电荷向正电荷变化(ΔP>0),此时电荷增量和偏置电压增量呈负相关（dP/dV<0），铁电电容呈负电容状态。

（3）当铁电电容偏置电压越过负向矫顽电压由负向正扫描时（C → D，ΔV >0），铁电电容存储的极化正电荷随之增加（ΔP >0），此时电荷增量和偏置电压增量呈正相关（dP/dV>0），铁电电容呈正电容状态。

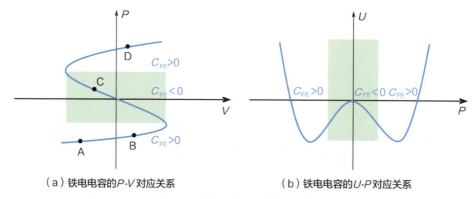

（a）铁电电容的 P-V 对应关系　　　　（b）铁电电容的 U-P 对应关系

图 3.4　铁电电容极化特性曲线

综上所述，铁电材料得益于其独特的自发极化特性，可以在零电荷附近形成存储电荷量与偏置电压呈负相关的状态，此时满足 C_{FE} = dQ/dV<0，且能量曲线开口朝下（C_{FE} = [d^2U/dQ^2]$^{-1}$<0）。因此，铁电材料具备形成有效负电容的能力，且相关电学特性可通过铁电极化特性进行调控。

3.1.3　负电容效应的稳定性

如前所述，负电容效应源于材料独特的自发极化特性，然而，该效应也因此充满了不稳定性。图 3.5（a）所示为实验所得铁电材料的极化翻转曲线[11]。在偏置电压扫描过程中，铁电材料在零偏置条件下的自发极化状态随扫描电压方向不同，分别停留于极化电荷正负半轴。此外，对经过 600 ℃ 快速热退火的器件施加正（负）扫描电压，当电压达到正（负）矫顽电压大小时，铁电材料极化状态剧烈变化，极化强度呈现阶跃式上升（下降），且并不经过极化翻转曲线原点，也不存在所谓的"负电容效应"。图 3.5（b）所示为铁电材料的电容特性曲线，电容在偏置电压正反双向扫描过程中，呈现恒为正的"蝴蝶形"曲线[12]，在明确铁电性的同时也印证了单独的铁电电容并不具备提供负电容效应的能力。

加利福尼亚大学伯克利分校的 Salahuddin 教授认为，铁电材料所具备的自发极化特性，使其可在零偏置条件下仍然可以稳定保留正 / 负极化电荷，该自发极化稳态分别对应于铁电材料自由能的两个最低点。因此，在偏置电压正反双向扫描过程中，铁电材料在越过能量稳态间的势垒后无法稳定停留于负电容效应区域，因而产生了阶跃式极化电荷响应，如图3.6所示[4]。因此，使铁电材料在自由能曲线零电荷附近形成极化稳态，成为构建稳定负电容效应的关键。

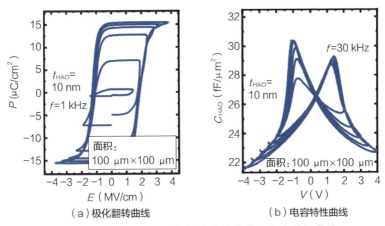

(a) 极化翻转曲线　　(b) 电容特性曲线

图3.5　铁电材料（HAO）极化翻转曲线和电容特性曲线

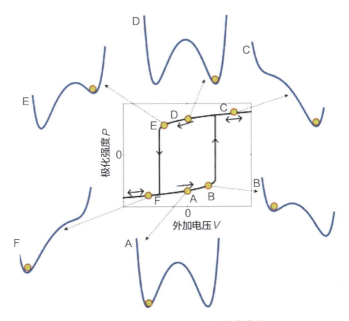

图3.6　铁电材料W形能量电荷曲线

图3.7所示的4条曲线分别为单一的绝缘介质材料、匹配良好的"铁电材

料+绝缘介质材料"串联系统、匹配不好的"铁电材料+绝缘介质材料"串联系统和单一的铁电材料的自由能曲线。绝缘介质材料自由能 U 与存储电荷量 Q 呈正相关,因而可在零电荷附近形成能量稳态,从而具备削弱铁电材料能量稳态间势垒、辅助形成稳定负电容效应的能力。图 3.8 中的绿色曲线为匹配不好的"铁电材料+绝缘介质材料"串联系统的自由能曲线,系统自由能(U_{Total})可表示为铁电材料能量(U_{FE})与绝缘介质材料能量(U_{DE})之和:$U_{Total} = U_{FE}+U_{DE}$。相比单一铁电电容($C_{FE}$)而言,串联系统的能量稳态间势垒明显降低,但依然存在两个极化稳态。尽管系统电容(C_{total})数值朝正向移动,但由于系统电容与铁电电容和绝缘介质材料电容(C_{DE})的关系为 $C_{total}^{-1} = C_{FE}^{-1}+C_{DE}^{-1}<0$,因此系统电容依然为负,此时系统依然处于不稳定状态,无法提供稳定负电容效应。随着绝缘介质材料电容(C_{DE})减小,"铁电材料+绝缘介质材料"串联系统电容进一步增大,当串联系统电容为正($C_{total}^{-1} = C_{FE}^{-1}+C_{DE}^{-1}>0$)时,系统能量曲线中的两个独立的自发极化稳态完全消失,系统能量最低点转移至零电荷附近,即图 3.7 中的蓝色曲线。此时,系统处于稳定状态,可以产生稳定负电容效应。相比两个正电容材料串联,"铁电材料+绝缘介质材料"串联系统能以更小的能量实现相同的电荷密度。换言之,"铁电材料+绝缘介质材料"串联系统可以在相同的能量下获得更高的电荷密度,因此具备构建陡峭 SS 负电容场效应晶体管的能力。

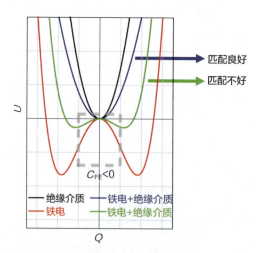

图 3.7 铁电材料、绝缘介质材料和"铁电材料+绝缘介质材料"串联系统的自由能曲线

综上所述,铁电材料因为自发极化特性并不具备单独提供稳定负电容效应

的能力，但通过串联正电容的方式可促使"铁电材料+绝缘介质材料"串联系统在零电荷附近形成唯一稳态，从而可以实现稳定的负电容效应。

3.2 铁电负电容场效应晶体管陡峭亚阈值特性

负电容场效应晶体管区别于传统场效应晶体管，利用负电容效应可实现栅极电压放大和陡峭 SS，从而具备减小晶体管及相关逻辑应用的工作电压的能力。3.2 节将首先阐明 SS 的定义及影响因素，并重点论述负电容场效应晶体管形成陡峭亚阈值特性的工作原理。

3.2.1 亚阈值摆幅

亚阈值摆幅（SS）是衡量晶体管在开启或关闭过程中，器件切换（截止/导通状态）速度的性能指标，通常定义为沟道电流每变化一个量级，栅极电压的变化量，可表示如下：

$$\text{SS} = \frac{\partial V_\text{G}}{\partial (\lg I_\text{DS})} = \frac{\partial V_\text{G}}{\partial \psi_\text{S}} \times \frac{\partial \psi_\text{S}}{\partial (\lg I_\text{DS})} \quad (3\text{-}9)$$

$$\text{SS} = \left(1 + \frac{C_\text{S}}{C_\text{ins}}\right) \times \frac{kT}{q} \ln 10 \quad (3\text{-}10)$$

$$\text{SS} = m \times m \quad (3\text{-}11)$$

其中，C_ins 为栅极介质电容，C_S 为半导体电容，k 为玻尔兹曼常数，T 为温度，m 为栅极电容控制系数，n 为沟道输运控制系数，q 为单位电荷。

计算发现，场效应晶体管 SS 可以拆解为栅极电容控制系数和沟道输运控制系数的乘积。图 3.8 所示为场效应晶体管沟道电流控制因素示意。对场效应晶体管而言，其沟道电流的大小取决于单位时间内越过势垒从源极移动到漏极的载流子数目。因此，当源漏电场强度恒定时，决定沟道电流大小的因素为可调控沟道载流子浓度的沟道表面电势。因此，所谓的栅极电容控制系数是栅

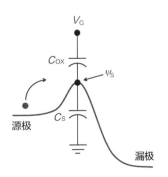

图 3.8 场效应晶体管沟道电流控制因素示意[4]

极电压相对沟道表面电势的依赖性指标，可表示为 $\dfrac{\partial V_G}{\partial \psi_S}$。运算可得，栅极电容控制系数由栅极电容结构决定。随着器件尺寸不断缩减，栅极绝缘层等效电容即栅氧化层电容（C_{OX}）增大，沟道表面电势随栅极电压增大逐渐增大，不断逼近"1"，以期获得更陡峭的 SS。沟道输运控制系数是沟道表面电势随沟道载流子浓度的变化率，可表示为 $\dfrac{\partial \psi_S}{\partial (\lg_{10} I_{DS})}$。受玻尔兹曼统计分布影响，沟道载流子浓度每变化一个量级，SS 至少变化 $\dfrac{kT}{q}\ln 10 = 60\ \text{mV/decade}$。

综上所述，受制于恒大于 1 的栅极电容控制系数和室温条件下约为 60 mV/decade 的沟道输运控制系数，传统场效应晶体管在室温条件下的 SS 最小值恒大于 60 mV/decade。

3.2.2 陡峭亚阈值特性

为满足现代集成电路产业对工作电压和 SS 缩减的需求，2008 年，Salahuddin 教授基于负电容效应提出了可通过栅极电压放大实现陡峭 SS 的负电容场效应晶体管。下面将详细讨论利用负电容场效应晶体管实现陡峭亚阈值特性的工作原理。

图 3.9 所示为负电容场效应晶体管器件结构示意和等效电路示意[2]。区别于传统场效应晶体管，负电容场效应晶体管将传统绝缘栅介质替换为具有负电容效应的铁电材料。

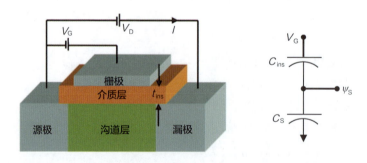

图 3.9　负电容场效应晶体管器件结构示意和等效电路示意[2]

从能量角度分析：负电容场效应晶体管栅极结构可以等效为"铁电负电

容 + 半导体正电容"的串联系统。如前文所述，通过优化串联系统，当栅极电容总和为正时，铁电材料可以稳定呈现负电容效应。此时，相比传统场效应晶体管，负电容场效应晶体管可以通过更小的能量来驱动等量电荷，从而减小了沟道载流子浓度对于栅极电压变化量的需求，实现了陡峭亚阈值特性。

从 SS 角度分析：SS 由栅极电容控制系数和沟道输运控制系数决定。当栅极绝缘材料被替换为具有负电容效应的铁电材料时，栅极电容控制系数具备突破"1"的可能。根据式（3-10），当 $1+C_S/C_{ins}<1$ 时，负电容场效应晶体管室温 SS 可以降至 60 mV/decade 以下，从而降低了晶体管开关状态切换时对栅极电压的需求。

从电压分配原则分析，负电容场效应晶体管的栅极电容（C_G）与铁电负电容（C_{FE}）和半导体正电容（C_S）串联系统的关系为：$C_G^{-1} = C_{FE}^{-1}+C_S^{-1}$。根据基尔霍夫电压定律和电荷守恒原则，准静态情况下各节点电压和电容需满足：

$$V_G = V_{FE} + \psi_S \quad (3\text{-}12)$$

$$Q_G = V_G \times C_G \quad (3\text{-}13)$$

$$Q_{FE} = V_{FE} \times C_{FE} \quad (3\text{-}14)$$

$$Q_S = \psi_S \times C_S \quad (3\text{-}15)$$

$$Q_G = Q_{FE} = Q_S \quad (3\text{-}16)$$

其中，V_G、V_S、V_{FE} 和 ψ_S 分别为串联系统总电压（栅极电压）、半导体电压、铁电材料电压和沟道表面电势；Q_G、Q_{FE} 和 Q_S 分别为串联系统总电荷量、铁电材料电荷量和半导体电荷量。因此，沟道表面电势随栅极电压的变化率及二者的关系可表示如下：

$$\frac{d\psi_S}{dV_G} = 1 - \frac{dV_{FE}}{dV_G} \quad (3\text{-}17)$$

$$\psi_S = V_G - V_{FE} \quad (3\text{-}18)$$

电容为负的铁电材料，其电压分压同样为负（$V_{FE}<0$）。根据式（3-17），当 $dV_{FE}/dV_G<0$ 时，负电容场效应晶体管沟道表面电势随栅极电压的变化率大于 1（$d\psi_S/dV_G>1$）。此时，器件获得了增强的栅极控制能力，沟道载流子浓度变化一个量级所需的沟道表面电势变化量将小于 60 mV，从而可以实现陡峭开关特性。此外，根据式（3-18），$V_{FE}<0$ 可以实现沟道表面电势相比栅极电压的放大

（$\psi_S>V_G$），因而具备增大沟道电流的能力。

综上所述，负电容场效应晶体管利用负电容效应，可以突破栅极电容控制系数极限，获得增强的栅极控制能力，从而具备实现陡峭亚阈值特性和增大沟道电流的能力。

3.3 铁电负电容场效应晶体管发展历程

负电容场效应晶体管理论始于 2008 年，由 Salahuddin 提出，其核心在于利用栅极负电容效应获得增强的栅极控制能力，从而实现陡峭亚阈值特性、工作电压和器件及电路功耗的优化。经过数十年的发展，负电容场效应晶体管领域取得了一系列突破，包括以下几方面：

（1）负电容场效应晶体管基本电学特性；

（2）负电容场效应晶体管电学性能优化设计——电容匹配原则；

（3）负电容场效应晶体管负微分电阻（Negative Differential Resistance，NDR）效应；

（4）负电容场效应晶体管频率响应特性；

（5）负电容效应存在性及本质。

因此，3.3 节将针对上述几方面，概述负电容场效应晶体管和负电容效应的发展历程，旨在阐明负电容场效应晶体管的研究思路和方向。

3.3.1 基本电学特性

负电容场效应晶体管基本电学特性作为器件优化、电路设计以及相关应用的基石，是负电容场效应晶体管研究的关键环节。下面将概述世界各国科学家在负电容场效应晶体管基本电学特性方面的探索思路和成果，包括电容特性和电流特性。

1. 电容特性

首先讨论负电容场效应晶体管电容特性。图 3.10（a）和图 3.10（b）所示为 2008 年 Salahuddin 教授所提出的负电容场效应晶体管器件结构示意及等效电路。理论研究表明，"铁电负电容+半导体正电容"串联系统可以实现电容特性增强，从而获得改善的栅极控制能力和陡峭亚阈值特性。因此，负电容场效应晶体管电容特性是亟待探索的第一个问题。

第3章 铁电负电容场效应晶体管的概念及其发展历程

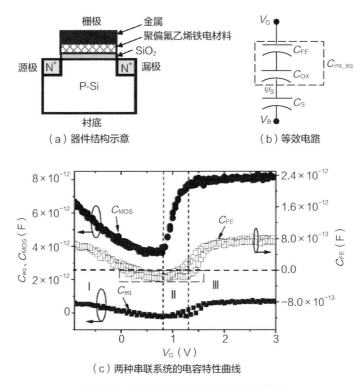

(a) 器件结构示意　　(b) 等效电路

(c) 两种串联系统的电容特性曲线

图 3.10　负电容场效应晶体管电容特性

注：C_{FE} 为栅极铁电电容；C_{MOS} 为金属氧化物半导体电容；C_{eq} 为 C_{MOS} 与 C_{FE} 串联的等效电容；C_{OX} 为栅氧化层电容；C_{ins_eq} 为栅极介质等效电容；C_S 为半导体电容。

针对负电容场效应晶体管电容特性，学术界和工业界展开了系列研究。2008 年，洛桑联邦理工学院 Salvatore 等人基于聚偏氟乙烯铁电材料，首次实验制备了负电容场效应晶体管，目的在于对比研究"金属氧化物半导体正电容"与"铁电负电容＋金属氧化物半导体正电容"串联系统的电容特性，从而阐明铁电负电容的作用[13]。图 3.10(c) 所示为"金属氧化物半导体正电容"与"铁电负电容＋金属氧化物半导体正电容"两种串联系统的电容特性曲线。

对比研究上述系统的电容特性发现，负电容场效应晶体管"铁电负电容＋金属氧化物半导体正电容"串联系统在全电压扫描范围内展现出远大于传统场效应晶体管的电容。与此同时，铁电负电容在局部区域甚至直接呈现了负电容效应。综上所述，该实验首次证实了铁电负电容效应具备增大栅极电容的能力。

在 2010 年和 2012 年，巴塞罗那自治大学 Jimenez 等人[14]和湘潭大学肖永光等人[15]，针对器件电容特性先后建立了负电容场效应晶体管分析模型。

图 3.11 所示为器件结构示意及其电容特性曲线。相比传统场效应晶体管，负电容场效应晶体管基于负电容效应，可以在局部区域获得剧烈增大的栅极电容，即出现电容尖峰现象，从而实现沟道电荷响应速率的提升和亚阈值特性的改善。

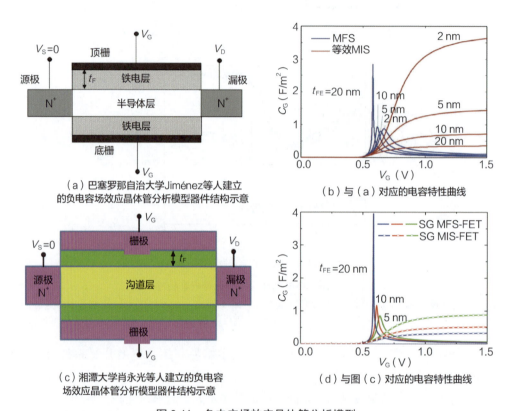

图 3.11 负电容场效应晶体管分析模型

注：MFS 为金属-铁电层-半导体；MIS 为金属-绝缘层-半导体；SG MFS-FET 为环栅金属-铁电层-半导体场效应晶体管；SG MIS-FET 为环栅金属-绝缘层-半导体场效应晶体管。

2016 年，Lee 等人针对与新型硅基 CMOS 工艺兼容的氧化铪基铁电材料，从实验上制备了负电容场效应晶体管，旨在对比研究氧化铪基负电容场效应晶体管与对照器件的电容特性[16]。图 3.12 所示为负电容场效应晶体管与对照器件的极化响应曲线及电容特性曲线。相比于对照器件中的栅极介质，氧化铪基铁电材料因为独特的非中心对称铁电性正交相呈现出明显的剩余极化行为。此外，负电容场效应晶体管在绝大部分区域，具有更快的电荷响应速率，即更大的栅极电容和更强的栅极控制能力，从而可以实现陡峭亚阈值特性。

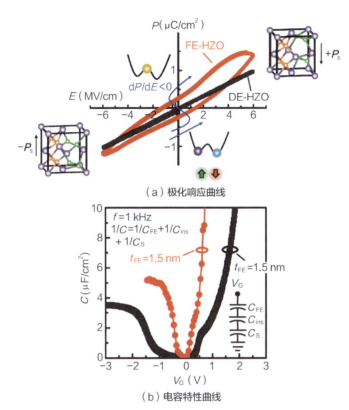

(a) 极化响应曲线

(b) 电容特性曲线

图 3.12　负电容场效应晶体管与对照器件的极化响应曲线及电容特性曲线

注：FE-HZO 为铁电层 HZO；DE-HZO 为介电层 HZO。

2016 年，针对尚未明确的负电容场效应晶体管电容特性，西安电子科技大学韩根全教授团队实验制备了锗（Ge）与锗锡（GeSn）沟道负电容场效应晶体管，首次报道了电容尖峰现象，从源头明确了铁电负电容效应的存在性，极大地完善了器件电容特性。

图 3.13 所示为 Ge 与 GeSn 沟道负电容场效应晶体管器件制备流程图、结构示意和电容特性曲线[17]。在栅极电压的扫描过程中，负电容场效应晶体管在亚阈值区域呈现电容尖峰现象，从而可以获得增大的沟道电荷响应效率和增强的陡峭亚阈值特性。此外，需要注意的是，随着栅极电压进一步扫描，负电容场效应晶体管栅极电容逐步衰减，甚至弱于传统场效应晶体管，此时铁电材料表现为正电容。因此，得出以下结论：

（1）氧化铪基铁电材料可以产生负电容效应，并实现数倍于传统电容的电荷响应速率，因而具备改善亚阈值特性的能力；

（2）针对器件陡峭亚阈值特性，合理设计器件结构，将负电容效应激活区锁定于晶体管亚阈值区是负电容场效应晶体管器件设计的关键。

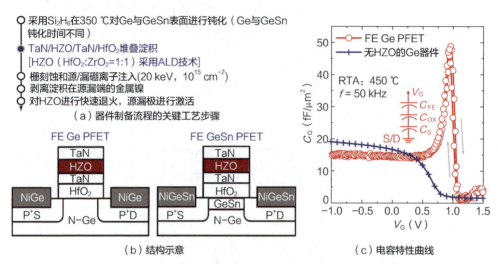

(a) 器件制备流程的关键工艺步骤

(b) 结构示意

(c) 电容特性曲线

图 3.13　Ge 与 GeSn 沟道负电容场效应晶体管制备及结果示意

随后，格罗方德半导体股份有限公司（简称格芯）[18]、中国科学院微电子研究所[19]和加利福尼亚大学伯克利分校[20]等针对负电容场效应晶体管电容特性，进行了深入的讨论。图 3.14 所示分别为格芯、中国科学院微电子研究所和加利福尼亚大学伯克利分校实验制备的负电容场效应晶体管的电容特性曲线。

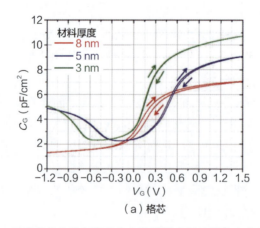

(a) 格芯

图 3.14　三家单位实验制备的负电容场效应晶体管的电容特性曲线

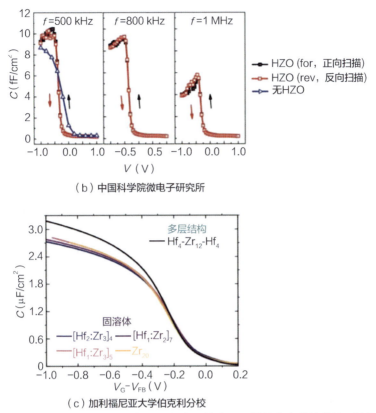

（b）中国科学院微电子研究所

（c）加利福尼亚大学伯克利分校

图3.14 三家单位实验制备的负电容场效应晶体管的电容特性曲线（续）

研究表明：相比传统场效应晶体管，负电容场效应晶体管的栅极铁电材料可以通过负电容效应，极大地增大栅极电容及其对沟道电荷的控制能力，从而可以实现陡峭亚阈值特性；其次，负电容效应一方面作用于亚阈值区可显著改善开关特性，另一方面作用于强反型区则可以大幅增大器件工作电流；此外，负电容效应的产生使器件栅极电容急剧上升从而形成了电容尖峰现象，因而被认作负电容场效应晶体管的标志之一[21]。

2. 电流特性

负电容场效应晶体管因具有增强的栅极控制能力，从而具备实现陡峭开关特性和增大工作电流的能力。为推动负电容场效应晶体管的发展和实际应用，诸多针对器件电流特性的探索也相继展开。

氧化铪基负电容场效应晶体管电流特性的研究始于2014年[22]，晶体管栅极结构基于反应离子溅射和ALD工艺形成，首次实现了具有良好硅基CMOS工艺兼容性的负电容场效应晶体管。图3.15所示为世界首个氧化铪基负电容场效应晶体管的器件结构、转移特性曲线和亚阈值特性曲线。在栅极电压扫描过程中,晶体管在多个漏极电压偏置的情况下,均实现亚 60 mV/decade 的陡峭亚阈值特性。因而,首次明确了氧化铪基负电容场效应晶体管在电流开关上具有陡峭亚阈值特性。

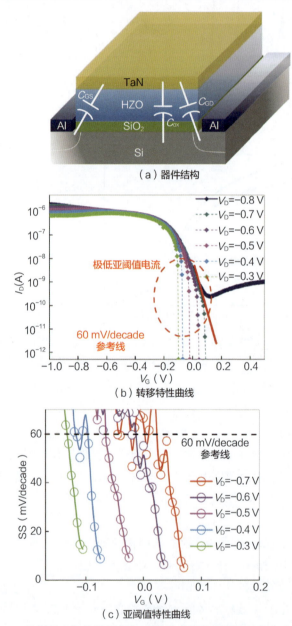

图 3.15 世界首个氧化铪基负电容场效应晶体管器件结构和电学特性

注:C_{GS} 为栅源覆盖电容;C_{GD} 为栅漏覆盖电容;C_{OX} 为栅氧化层电容;V_D 为源漏极之间的电压;I_D 为源漏极之间的电流。

2015年，Li等人首次报道了氧化铪基铁电材料三维鳍式负电容场效应晶体管电流特性[23]。器件栅极长度为30～90 nm。图3.16（a）～图3.16（d）所示为器件结构、转移特性曲线、亚阈值特性曲线和输出特性曲线。实验发现，相比传统场效应晶体管（内部栅极），负电容器件（栅极）亚阈值特性在全电流范围内显著改善，且突破室温SS极限。在工作电压为1.4 V（$V_G = V_D = 1.4$ V）时，开态电流较传统场效应晶体管的实现了超过20%的增长。此外，针对栅极电压放大现象，实验实时监测了中间栅极电压在顶栅极电压扫描过程中的变化趋势。图3.16（e）和图3.16（f）所示为中间栅极电压变化趋势曲线和栅极电压增益曲线。三维鳍式负电容场效应晶体管在较大栅极电压范围内呈现出栅极电压放大现象（$dV_{int}/dV_G > 1$），且对应亚阈值特性改善区域。综上所述，基于三维结构的负电容场效应晶体管依旧可以通过栅极电压放大，实现亚阈值特性增强和开态电流增大。

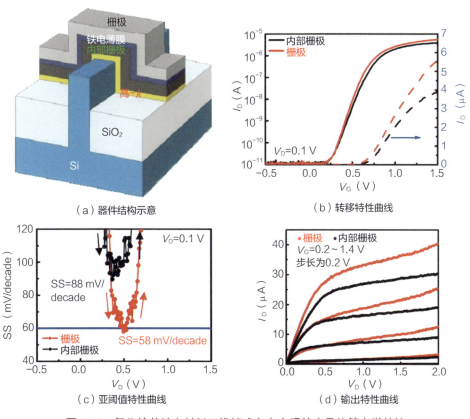

图3.16 氧化铪基铁电材料三维鳍式负电容场效应晶体管电学特性

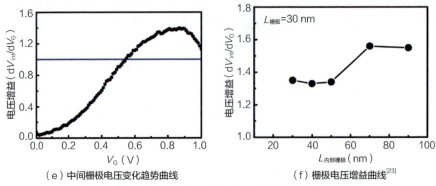

（e）中间栅极电压变化趋势曲线　　　　（f）栅极电压增益曲线[23]

图 3.16　氧化铪基铁电材料三维鳍式负电容场效应晶体管电学特性（续）

2016 年，西安电子科技大学韩根全等人，针对后摩尔时代低功耗与高性能的需求，首次实验制备了高迁移率 Ge 与 GeSn 沟道负电容场效应晶体管。铁电材料为低温度预算的 HZO 铁电材料[17]。图 3.17 所示为器件转移特性曲线、输出特性曲线、亚阈值特性曲线、跨导特性曲线和器件电流增益统计结果。实验发现，相比传统场效应晶体管，负电容器件不仅具有更陡峭的亚阈值特性和更大的工作电流，还可以通过增强的栅极控制能力实现更小的关态电流，进一步推动器件的低功耗应用；另外，该实验还发现了器件具有增大的跨导效率和异于传统器件的 NDR 效应，可有效抑制器件短沟道效应并促进相关模拟射频应用。

随后，台湾交通大学、加利福尼亚大学伯克利分校、阿尔伯特大学和新加坡国立大学基于负电容器件中更小的关态电流、NDR 效应和增强的跨导特性等系列特性，对低功耗应用、短沟道效应抑制和射频特性改善等多个应用场景展开了系统研究[24-28]。

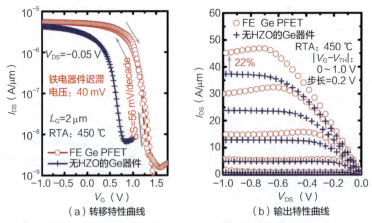

（a）转移特性曲线　　　　（b）输出特性曲线

图 3.17　高迁移率 Ge 与 GeSn 沟道负电容场效应晶体管电学特性

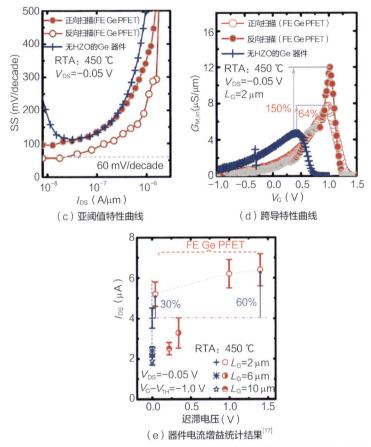

图 3.17 高迁移率 Ge 与 GeSn 沟道负电容场效应晶体管电学特性（续）
注：L_G 为沟道长度。

加利福尼亚大学伯克利分校基于全耗尽绝缘体上硅制备的负电容场效应晶体管的输出特性曲线及漏致势垒降低（Drain-Induced Barrier Lowering，DIBL）效应统计结果[25]得出结论，相比传统场效应晶体管，负电容器件通过 NDR 效应获得了更稳定的输出特性曲线。此外，DIBL 效应作为评估短沟道效应的指标之一，统计结果表明，负电容器件在 30～100 nm 的沟道长度范围内均可获得抑制的 DIBL 效应，且抑制强度随沟道长度缩减不断提升。当沟道长度缩减至 30 nm 时，DIBL 由传统器件中的 0.5 V 下降至负电容器件中的 0.3 V。因此，负电容器件基于负电容效应，可以有效抑制短沟道效应。

随后，加利福尼亚大学伯克利分校针对模拟信号应用需求[28]，从理论层面提出了负电容器件对跨导、本征增益和跨导效率的提升作用。负电容器件利用输出特征中的NDR效应可显著降低输出跨导，从而获得大幅提升的跨导效率。因此，负电容器件的NDR效应和增大的跨导效率等特性使其在模拟射频应用方面表现出了比传统器件更优异的器件性能。

综上所述，负电容场效应晶体管基本电学特性经过系统研究已初步明确，包括陡峭亚阈值特性、增大的开态电流、减小的关态电流、增大的跨导效率以及独特的NDR效应和电容尖峰现象等。其中，陡峭亚阈值特性、增大的开态电流和减小的关态电流可直接推动负电容器件的低功耗应用；基于NDR效应和增大的跨导效率，可以有效调整模拟射频应用中本征增益和跨导效率等关键参数，从而促进模拟射频性能的进一步发展。因此，本书将于第4章详述负电容场效应晶体管基本电学特性的标志性成果。

3.3.2 电容匹配原则

铁电电容受制于自发极化特性，无法独立提供稳定的负电容效应，因而极度依赖于串联正电容对"铁电负电容和串联正电容"系统稳定性的优化。因此，负电容效应稳定性设计原则是负电容场效应晶体管领域亟须明确的一个关键问题。下面将概述基于负电容效应稳定性设计原则的研究进展。

负电容效应稳定性设计原则被称为"电容匹配原则"，由Salahuddin等人于2011年正式提出[29]。图3.18所示为负电容场效应晶体管器件结构示意和等效电路。负电容场效应晶体管栅极总电容C_{total}由铁电负电容C_{FE}和串联正电容C_{MOS}组成，其中串联正电容可拆分为栅氧化层电容C_{OX}和半导体电容C_{S}；栅极电压变化率增益A_{v}由输出电压V_{int}和栅极电压V_{G}的微分比来表示。系统总电容及栅极电压变化率增益可表示为：

$$\frac{1}{C_{\text{total}}} = \frac{1}{C_{\text{FE}}} + \frac{1}{C_{\text{MOS}}} \tag{3-19}$$

$$C_{\text{MOS}} = C_{\text{OX}} + C_{\text{S}} \tag{3-20}$$

$$A_{\text{v}} = \frac{\partial V_{\text{int}}}{\partial V_{\text{G}}} = \frac{|C_{\text{FE}}|}{|C_{\text{FE}}| - |C_{\text{MOS}}|} \tag{3-21}$$

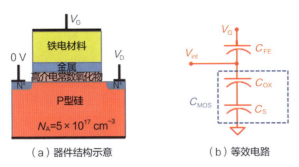

(a) 器件结构示意　　　(b) 等效电路

图 3.18　负电容场效应晶体管器件结构示意和等效电路

所谓电容匹配原则，即铁电负电容与串联正电容为实现稳定负电容效应及性能增益所需满足的关系。如图 3.19 所示，铁电负电容与串联正电容大小关系可分为 3 段：当铁电负电容绝对值小于串联正电容（$|C_{FE}|<C_{MOS}$）时，系统总电容为负，因而处于不稳定状态，无法获得稳定增益；当铁电负电容绝对值大于串联正电容且小于栅氧化层电容（$C_{MOS}<|C_{FE}|<C_{OX}$）时，系统总电容为正且可提供稳定的负电容效应，从而获取稳定增益；当铁电负电容绝对值大于栅氧化层电容（$|C_{FE}|>C_{OX}$）时，系统总电容为正且可提供稳定负电容效应，但性能增益急剧下降，几乎可忽略不计。因此，基于电容匹配原则合理设计栅极电容结构，对于负电容效应稳定性和器件性能增益有着至关重要的作用。

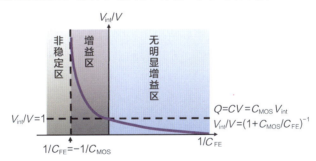

图 3.19　电容匹配原则示意

2016 年，Salahuddin 和 Hu 等人，针对负电容场效应晶体管电容匹配原则的需求，首次提出了计算铁电负电容大小的公式：

$$|C_{FE}| = A_{FE} \cdot \frac{2}{3\sqrt{3}} \cdot \frac{P_r}{E_c \cdot t_{FE}} \quad (3\text{-}22)$$

其中，A_{FE}、P_r、E_c 和 t_{FE} 分别为铁电材料面积、剩余极化强度、矫顽场强度以及铁电薄膜厚度。由式（3-22）可知，负电容效应不仅严重依赖于材料铁电参数，还可通过铁电材料面积和厚度进行调制。随后，许多研究机构基于式（3-22）对负电容场效应晶体管电容匹配原则展开了系统的实验探究。

台湾纳米元件实验室[23]、西安电子科技大学[30]和台湾交通大学[31]基于退火温度调控材料铁电性，展开了优化负电容场效应晶体管电容匹配的实验。台湾纳米元件实验室制备的氧化铪基三维鳍式负电容场效应晶体管的电学实验结果表明，当铁电材料退火温度由 500 ℃ 上升至 600 ℃ 时，得益于上升的剩余极化强度和下降的矫顽场强度，铁电负电容（绝对值，余同）增大并逼近串联正电容，从而获得了更为稳定的负电容效应和更优的性能增益。随后，西安电子科技大学和台湾交通大学分别制备了以 GeSn 和铟镓砷（InGaAs）为沟道材料的负电容场效应晶体管，同样呈现随退火温度上升而显著改善的负电容效应、栅极电压增益以及更陡峭的亚阈值特性。

此外，洛桑联邦理工学院[32]、西安电子科技大学[33]和东京大学[34]还积极探索了铁电材料面积对于负电容器件电容匹配的优化结果。洛桑联邦理工学院基于独立的 PZT 铁电电容和硅沟道场效应晶体管构建的链接式负电容场效应晶体管开展实验[13]，当器件的铁电负电容和串联正电容面积比（A_{FE}/A_{MOS}）由 20 μm×20 μm/0.1 μm×1 μm 下降至 10 μm×10 μm/19 μm×2 μm 时，器件铁电负电容显著下降并逼近 C_{MOS}，从而消除了负电容器件的回滞现象，并获得了明显改善的亚阈值特性，进一步明确了电容匹配原则对于负电容效应稳定性及负电容器件性能调控的重要作用。随后，东京大学基于链接式负电容器件，系统探索了 A_{FE}/A_{MOS} 对于负电容器件性能的影响，当串联沟道电容因为铁电材料面积增大或者栅氧化层厚度减薄而增大时，逐步逼近铁电负电容的串联正电容使得负电容器件实现了更好的电容匹配和逐步改善的电学性能增益。2017 年，西安电子科技大学基于集成式栅极堆叠结构进一步论证了上述理论。研究发现，通过额外刻蚀工艺所形成的不同 A_{FE}/A_{MOS}，对于负电容器件的性能有决定性作用，当 A_{FE}/A_{MOS} 由 0.28 上升至 1 时，负电容器件不仅完全消除了回滞特性，且获得了 36% 的开态电流增益。

随后，圣母大学、台湾师范大学和西安电子科技大学还通过优化铁电材料厚度[35-37]，进一步拓展了电容匹配的调控手段。圣母大学制备了负电容器件，器件亚阈值特性随漏极电压、铁电材料厚度和环境温度的变化趋势表明，在铁电材料厚度由 10 nm 下降至 5 nm 的过程中，铁电负电容与铁电材料厚度成反比，不断增大的铁电负电容使得器件实现了更优的电容匹配，进而逐步消除了回滞窗口并收获了增强的电学性能增益。

台湾师范大学 Lee 教授通过更大范围的铁电材料厚度变化进一步论证了铁电材料厚度对电容匹配的调控作用。以 700 ℃ 后退火工艺为例，实验发现当铁电材料厚度从 7 nm 下降至 3 nm 的过程中，铁电负电容逐步上升并逼近串联正电容，负电容器件处于回滞消除且亚阈值特性明显改善的阶段；然而，当铁电材料厚度进一步下降至 2 nm 以下时，铁电负电容进一步增大并逐步远离串联正电容，最终导致了电容匹配程度恶化和电学性能增益的衰退。

2018 年，西安电子科技大学韩根全教授团队基于独特的电容尖峰特性，直接表征了铁电材料厚度对于电容匹配程度的影响。在铁电材料厚度分别为 6.6 nm、4.5 nm 和 3.7 nm 的负电容器件的实验中，均呈现了电容尖峰现象，且电容尖峰强度与电容匹配程度呈正相关，从而直接证实了铁电材料厚度对于电容匹配程度和电学性能的调控能力。

综上所述，负电容场效应晶体管栅极电容匹配程度不仅决定了负电容效应稳定性，还可直接主导器件回滞特性和相关电学性能的增益。目前针对电容匹配程度优化方式的探索已初步完成，主要包括：铁电参数调控、铁电负电容与串联正电容面积比例调控、铁电材料厚度调控等。本书将于第 5 章详述负电容场效应晶体管电容匹配原则探索过程中的标志性工作。

3.3.3 NDR 效应

负电容场效应晶体管输出特性中的 NDR 效应是负电容器件的典型特性之一。NDR 效应不仅被作为负电容场效应晶体管判定标准之一[29]，还被广泛应用于各类场景，包括短沟道效应抑制和模拟射频器件性能优化等。下面将概述负电容器件 NDR 效应的研究进展。

NDR 效应的研究始于 2016 年，由西安电子科技大学韩根全教授团队在研究 Ge 与 GeSn 沟道负电容场效应晶体管的过程中首次报道[17]。该团队称，NDR 效应起源于栅漏寄生电容的耦合现象。所谓 NDR 效应，即负电容场效应晶体管中的沟道电流与漏极电压呈负相关。

为进一步明确 NDR 效应的物理机理及调控原则，印度理工学院[38]、宾夕法尼亚州立大学[39]和西安电子科技大学[40]等针对 NDR 效应相继开展了深入的研究。印度理工学院基于紧凑模型研究 NDR 效应，研究表明，漏极电压可以通过信号耦合感应调控栅极电压及沟道表面电势，从而实现漏极电压对于沟道输出跨导的控制作用。当栅漏电势差大于铁电材料矫顽电压时，极化电荷的反向翻转将导致沟道电荷浓度急剧下降，从而形成沟道输出跨导与漏极电压呈负相关的 NDR 效应。2017 年，宾夕法尼亚州立大学 Narayanan 教授和 Datta 教授在研究 NDR 效应对器件及电路级电学特性影响的过程中，进一步探索了栅漏寄生电容与 NDR 效应的关系，并提出通过调整铁电材料厚度改变串联电容分压，从而实现 NDR 效应强度调控的理论。2018 年，西安电子科技大学韩根全教授团队，基于栅极铁电电容与栅漏寄生电容的串联关系，首次报道了基于电容匹配原则改变 NDR 效应强度的调控原则，极大地拓展了 NDR 效应的设计思路和应用前景。

随后，加利福尼亚大学伯克利分校[41]和新加坡国立大学[27]针对 NDR 效应的相关应用展开了深入研究，包括短沟道效应抑制和模拟射频器件性能优化等。图 3.20（a）所示为加利福尼亚大学伯克利分校实验制备的绝缘体上硅负电容场效应晶体管结构示意及不同器件参数 DIBL 效应的统计结果。相比传统器件，负电容器件可以利用 NDR 效应抑制因短沟道效应导致的输出跨导上升的现象，使得全尺寸范围内的 DIBL 效应减弱，器件性能得以改善。图 3.20（b）和图 3.20（c）所示为新加坡国立大学提出的输出跨导放大器每个晶体管的 I_{DS}-V_{DS} 曲线和输出跨导放大器结构示意，通过并联传统器件的正微分电阻和负电容器件的负微分电阻，可以实现输出电阻的倍增，从而改善相关射频应用性能。

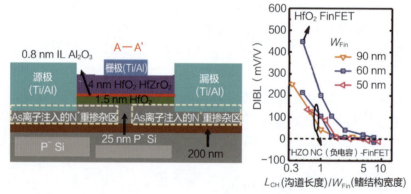

（a）绝缘体上硅负电容场效应晶体管结构示意及不同器件参数DIBL效应的统计结果

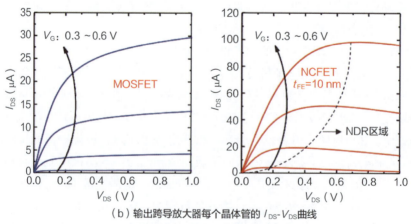

（b）输出跨导放大器每个晶体管的 I_{DS}-V_{DS} 曲线

图 3.20　NDR 效应研究结果

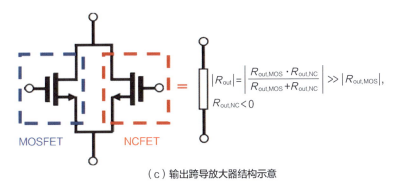

（c）输出跨导放大器结构示意

图 3.20　NDR 特性研究结果（续）
注：IL 为 Insulator Layer，绝缘层

综上所述，负电容场效应晶体管基于栅漏寄生电容耦合现象与极化翻转行为，在输出特性中展现出了独特的 NDR 效应。目前针对 NDR 效应的研究主要集中于机制研究、性能调控和应用探索阶段。因此，本书将于第 6 章详述负电容场效应晶体管 NDR 效应探索过程中的代表性工作。

3.3.4　频率响应特性

负电容场效应晶体管得益于负电容效应，在不改变传统器件栅极结构的前提下具备改善亚阈值特性、增大开关电流比等一系列优异的电学特性，因而被视为后摩尔时代最具潜力的逻辑应用备选器件结构之一。为进一步阐明负电容器件逻辑应用可行性，学术界针对负电容效应和负电容场效应晶体管频率响应特性展开系统研究。下面将概述相关研究进展，包括负电容效应和负电容场效应晶体管频率响应特性。

负电容效应频率响应特性的研究始于 2014 年，由 Salahuddin 教授指导开展[42]。该项工作基于铁电负电容与固定电阻的串联系统展开。通过实时监测铁电负电容压降与输入信号关系，研究负电容效应的响应频率。研究结果表明，在串联电阻减小的过程中，铁电负电容效应响应频率不断提升。当串联电阻下降至 2 kΩ 时，PZT 铁电电容响应时间可提升到 351 ns。通过延长提取时间发现，当串联电阻完全消除时，PZT 铁电电容极限响应时间可优化至 19.9 ns。该项工作首次讨论了负电容效应的频率响应问题，并将频率响应指标提升至 50 MHz 量级。

2016 年，阿尔伯特大学 Vaidyanathan 教授基于上述串联系统结构进一步研究了PZT铁电材料黏滞系数（从物理上讲，是铁电畴翻转过程中与畴壁翻转速度相关的物理量）对材料响应频率的影响[43]。研究表明，PZT铁电材料响应频率随黏滞系数的减小而增大。当PZT铁电材料黏滞系数下降至 0.1 mΩ·m 时，响应时间低至 ps 量级。此时基于该铁电材料形成的负电容场效应晶体管反相器的响应频率可以突破 50 GHz。

2019 年，普渡大学 Pride Ye 教授针对负电容场效应晶体管硅基 CMOS 工艺兼容性需求，实验探索了氧化铪基铁电材料的频率响应特性[44]。该项工作认为，铁电材料频率响应特性的实验测试结果包含铁电材料本征延时和寄生电容/电阻产生的寄生延时。为剥离寄生延时的影响，该工作系统研究了频率响应特性的铁电电容面积依赖性和铁电材料厚度依赖性。研究结果表明，氧化铪基铁电电容面积为 8.4 μm^2 时，响应时间可以低至 925 ps。

负电容场效应晶体管本身频率响应特性的研究同样引起了广泛关注。理论研究表明，负电容场效应晶体管频率响应特性的影响因素是高频响应条件下的负电容效应稳定性。2017 年，西安电子科技大学韩根全教授团队针对上述问题，深入讨论负电容效应栅极电容匹配、负电容效应稳定性和高频响应特性的关系，旨在通过构建高频响应特性下更稳定的电容匹配结构，从而优化负电容器件的高频响应特性[45]。图 3.21 所示为实验制备的金属-铁电-金属-绝缘体-半导体（Metal-Ferroelectric-Metal-Insulator-Semiconductor，MFMIS）和金属-铁电-绝缘体-半导体（Metal-Ferroelectric-Insulator-Semiconductor，MFIS）结构的负电容场效应晶体管结构示意。对比研究发现，无中间浮栅的负电容器件在处于 MHz 级别的工作频率时，依然可以展现出稳定的负电容效应和陡峭亚阈值特性，远胜于有中间浮栅的负电容器件。同年，格芯基于其 14 nm 工艺线同样制备了无中间浮栅的负电容器件[18]。实验结果表明，基于无中间浮栅的负电容器件的响应频率可以达到 GHz 量级及以上。2018 年，加利福尼亚大学伯克利分校基于格芯的 14 nm 工艺线，联合格芯发表了响应时间低至 7.2 ps 的环形振荡器，从而将负电容器件及其应用的响应频率正式拓展至 THz 量级[46]。

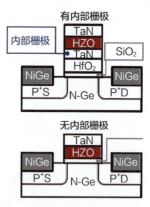

图 3.21 负电容场效应晶体管（MFMIS 和 MFIS）结构示意

综上所述，负电容效应和负电容场效应晶体管频率响应特性作为其应用的最大影响因素之一，已然引起了广泛关注。截至目前，针对频率响应特性的研究已经取得了初步的进展。因此，本书将于第 7 章详述负电容效应和负电容场效应晶体管频率响应特性研究领域的突破性进展。

3.3.5 负电容效应存在性及本质

2008 年，针对现代集成电路产业对低功耗逻辑器件的需求，Salahuddin 教授基于 L-K 理论提出了负电容效应及负电容场效应晶体管的概念。这一概念的本质在于，利用铁电材料极化电荷与偏置电压的负相关关系，实现能量和电荷的转移性应用，从而实现陡峭 SS 和增大的开态电流。负电容效应提出后，针对其存在性及本质的问题众说纷纭。为此，学术界针对上述问题开展了系列研究。下面将概述针对负电容效应存在性及本质的研究进展。

2015 年，加利福尼亚大学伯克利分校 Salahuddin 教授及其博士研究生针对负电容效应存在性问题开展了研究[42]。图 3.22（a）所示为针对该项工作设计的实验系统等效电路，由铁电负电容和固定正电容串联而成。通过检测铁电负电容两侧电压与外部脉冲信号关系，即可明确铁电材料是否具备产生负电容效应的能力。如图 3.22（b）所示，在外部脉冲信号上升/下降过程中，铁电负电容两侧电压在局部区域与外部脉冲信号呈负相关关系。因而，首次直接证实了铁电材料产生负电容效应的能力。

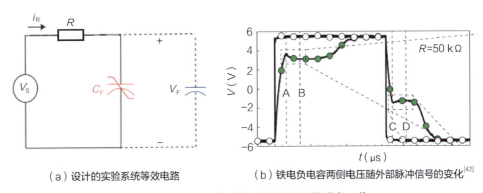

（a）设计的实验系统等效电路　　（b）铁电负电容两侧电压随外部脉冲信号的变化[42]

图 3.22　针对负电容效应存在性问题的研究工作

2019 年，Salahuddin 教授针对负电容效应的存在性进一步开展了铁电材料极化强度和局部电场强度关系的观测实验[47]。图 3.23（a）所示为实验制备的 $SrTiO_3/PbTiO_3/SrTiO_3$ 超晶格结构的极化矢量图谱。分析图谱发现，沿 z 轴方向排布着 3 个极化方向相反的铁电畴。因此，极化强度在沿 z 轴前进过程中呈现先增强后减弱的趋势；而电场分布受去极化电场调制，呈现先减弱后增强的趋势。在该铁电材料畴壁区域观测到了极化强度与偏置电场强度呈负相关关系，如图 3.23（b）所示，即空间层面的负电容效应。

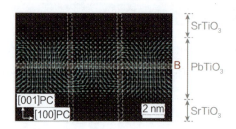

（a）实验制备的$SrTiO_3$/$PbTiO_3$/$SrTiO_3$超晶格结构的极化矢量图谱

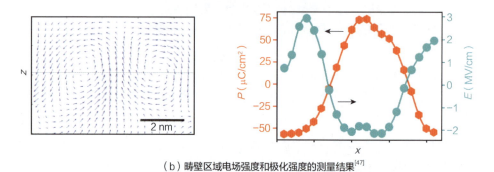

（b）畴壁区域电场强度和极化强度的测量结果[47]

图 3.23 铁电材料极化强度和局部电场强度关系的观测

2019 年，德国纳米电子材料实验室（Nanoelectronic Materials Laboratory，NaMLab）针对负电容效应的存在性展开了铁电材料极化电荷瞬态响应表征研究，希望通过负电容效应独特的 S 形极化响应曲线证实负电容效应的存在性[48]。图 3.24（a）所示为实验测试结构示意。此实验通过施加不同振幅的脉冲电压，提取各电压节点的极化响应电荷，绘制铁电材料随偏置电压变化的极化响应特性。图 3.24（b）和图 3.24（c）所示分别为输入信号曲线和铁电电容的电流响应曲线，通过积分提取获得了图 3.24（d）所示的极化响应曲线。相比传统铁电电容的回滞型极化响应曲线，瞬态测试结果呈现出与 L-K 理论相吻合的 S 形极化响应曲线。因此，该工作通过首次实验测得的 S 形极化响应曲线再次证实了负电容效应的存在性。

此外，针对负电容效应本质的研究同样吸引了大量研究者，目的在于通过阐明负电容效应本质，明确其工作机理和设计原则。2018 年，三星电子基于硅基沟道负电容场效应晶体管及其栅极结构开展了极化响应特性相关的研究[49]。研究发现，在外接电压上升的过程中，铁电负电容两侧分压明显滞后于输入信号，紧接着，两者在局部呈现负相关关系。沟道表面电势同样滞后于栅极电压，随后得益于急速增大的栅极电压变化率，器件 SS 突破室温极限，达到 40 mV/decade。因此得出结论：负电容效应的本质是极化电荷的滞后响应行为。

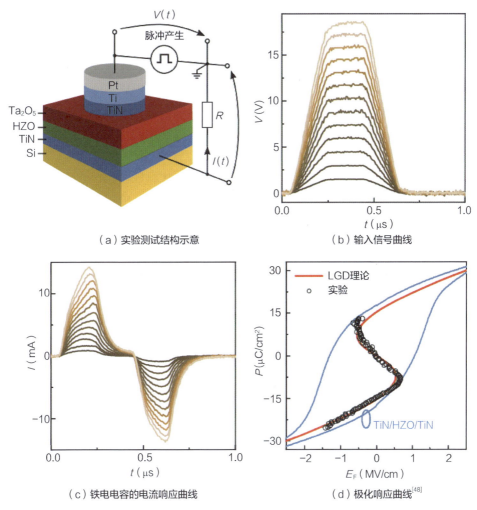

(a) 实验测试结构示意

(b) 输入信号曲线

(c) 铁电电容的电流响应曲线

(d) 极化响应曲线[48]

图 3.24　NaMLab 负电容效应实验测试结构示意及结果

2019 年，西安电子科技大学韩根全教授团队针对负电容效应本质，对比研究了负电容场效应晶体管的实验测试结果和通过去极化电场得到的铁电材料的理论计算结果[50]。研究发现，实验所得的浮栅电压随栅极电压的变化与理论计算结果高度吻合。因而得出结论：负电容效应的本质为铁电材料去极化电场。

综上所述，负电容效应存在性及本质等关键性问题，已通过实验得到了初步论证。相关研究表明，铁电材料具备提供负电容效应的能力，且其本质为去极化电场。本书将于第 8 章重点论述在针对负电容效应存在性和本质进行研究的过程中取得的突破性成果。

3.4 本章小结

本章简要介绍了负电容效应，并通过解析负电容场效应晶体管亚阈值特性的影响因素，阐明了负电容场效应晶体管实现陡峭亚阈值特性的工作机理。随后，本章通过回溯负电容场效应晶体管领域数十年的发展，明确了该领域探索历程中的一系列关键技术问题。

根据 L-K 理论，铁电材料因为其独特的自发极化特性可在零电荷附近形成存储电荷量与偏置电压呈负相关的状态，从而具备实现负电容效应的能力。负电容场效应晶体管利用栅极铁电材料形成的负电容效应，获得了急剧增强的栅极控制能力和增大的沟道表面电势变化率，从而可以突破室温 SS 极限。

负电容场效应晶体管发展至今，已在诸多关键技术方面取得了突破，本书将于后续章节详述各关键技术领域中的代表性工作。

参考文献

[1] INTERNATIONAL ROADMAP COMMITTEE. International Roadmap for Devices and Systems(2020 Edition)[EB/OL]. (2020-12-08)[2024-01-05].

[2] SALAHUDDIN S, DATTA S. Use of negative capacitance to provide voltage amplification for low power nanoscale devices[J]. Nano Letters, 2008, 8(2): 405-410.

[3] 李双喜. 电工电子技术工程训练实用教程 [M]. 重庆：重庆大学出版社，2016.

[4] KHAN A I. Negative capacitance for ultra-low power computing[D]. Berkeley: University of California, 2015.

[5] VOGEL R, WALSH P J. Negative capacitance in amorphous semiconductor chalcogenide thin films[J]. Applied Physics Letters, 1969, 14(7): 216-218.

[6] JONES B K, SANTANA J, MCPHERSON M. Negative capacitance effects in semiconductor diodes[J]. Solid State Communications, 1998, 107(2): 47-50.

[7] VURAL Ö, ŞAFAK Y, TÜRÜ A, et al. Temperature dependent negative capacitance behavior

of Al/rhodamine-101/n-GaAs Schottky barrier diodes and R_s effects on the *C-V* and *G/ω-V* characteristics[J]. Journal of Alloys and Compounds, 2012, 513(5): 107-111.

[8] MORA-SERO I, BISQUERT J, FABREGAT-SANTIAGO F, et al. Implications of the negative capacitance observed at forward bias in nanocomposite and polycrystalline solar cells[J]. Nano Letters, 2006, 6(4): 640-650.

[9] ERSHOV M, LIU H C, LI L, et al. Unusual capacitance behavior of quantum well infrared photodetectors[J]. Applied Physics Letters, 1997, 70(14): 1828-1830.

[10] KHAN A I. On the microscopic origin of negative capacitance in ferroelectric materials: a toy model[C]//2018 IEEE International Electron Devices Meeting(IEDM). IEEE, 2018.

[11] ZHOU J, ZHOU Z, WANG X, et al. Temperature dependence of ferroelectricity in Al-doped HfO_2 featuring a high P_r of 23.7 $\mu C/cm^2$[J]. IEEE Transactions on Electron Devices, 2020, 67(12): 5633-5638.

[12] MULLER J, BOSCKE T S, SCHRODER U, et al. Ferroelectricity in simple binary ZrO_2 and HfO_2[J]. Nano Letters, 2012, 12(8): 4318-4323.

[13] SALVATORE G A, BOUVET D, IONESCU A M. Demonstration of subthreshold swing smaller than 60 mV/decade in Fe-FET with P(VDF-TrFE)/SiO_2 gate stack[C]//2008 IEEE International Electron Devices Meeting. IEEE, 2008:1-4.

[14] JIMENEZ D, MIRANDA E, GODOY A, et al. Analytic model for the surface potential and drain current in negative capacitance field-effect transistors[J]. IEEE Transactions on Electron Devices, 2010, 57(10): 2405-2409.

[15] XIAO Y, CHEN Z, TANG M, et al. Simulation of electrical characteristics in negative capacitance surrounding-gate ferroelectric field-effect transistors[J]. Applied Physics Letters, 2012, 101(25): 1-4.

[16] LEE M H, FAN S, TANG C, et al. Physical thickness 1.x nm ferroelectric $HfZrO_x$ negative capacitance FETs[C]//2016 IEEE International Electron Devices Meeting(IEDM). IEEE, 2016.

[17] ZHOU J, HAN G, LI Q, et al. Ferroelectric $HfZrO_x$ Ge and GeSn PMOSFETs with sub-60 mV/decade subthreshold swing, negligible hysteresis, and improved I_{ds}[C]//2016 IEEE International Electron Devices Meeting. IEEE, 2016.

[18] KRIVOKAPIC Z, RANA U, GALATAGE R, et al. 14 nm ferroelectric FinFET technology with steep subthreshold slope for ultra low power applications[C]//2017 IEEE International Electron Devices Meeting. IEEE, 2017.

[19] ZHANG Z, XU G, ZHANG Q, et al. FinFET with improved subthreshold swing and drain

current using 3-nm ferroelectric $Hf_{0.5}Zr_{0.5}O_2$[J]. IEEE Electron Device Letters, 2019, 40(3): 367-370.

[20] CHEEMA S, SHANKER N, WANG L C, et al. Atomic-scale ferroic HfO_2-ZrO_2 superlattice gate stack for advanced transistors[EB/OL]. (2022-04-05)[2023-01-01].

[21] RADHAKRISHNA U, KHAN A, SALAHUDDIN S, et al. Compact model of negative capacitance MOSFETs (NCFETs)[J]. 2017.

[22] CHENG C H, CHIN A. Low-voltage steep turn-on pMOSFET using ferroelectric high-k gate dielectric[J]. IEEE Electron Device Letters, 2014, 35(2): 274-276.

[23] LI K S, CHEN P G, LAI T Y, et al. Sub-60mV-swing negative-capacitance FinFET without hysteresis[C]//2015 IEEE International Electron Devices Meeting(IEDM). IEEE, 2015.

[24] LIU C, CHEN H, TUNG Y, et al. High performance negative capacitance field-effect transistor featuring low off-state current, high on/off current ratio, and steep sub-60 mV/decade. swing[J]. Japanese Journal of Applied Physics, 2020, 59(SG): SGGA01.

[25] KWON D, CHEEMA S, SHANKER N, et al. Negative capacitance FET with 1.8-nm-thick Zr-doped HfO_2 oxide[J]. IEEE Electron Device Letters, 2019, 40(6): 993-996.

[26] WANG J K, GUDEM P S, CAM T, et al. RF performance projections of negative-capacitance FETs: f_T, f_{max}, and $g_m f_T/I_D$[J]. IEEE Transactions on Electron Devices, 2020, 67(8): 3442-3450.

[27] HAN K, SUN C, KONG E, et al. Hybrid design using metal-oxide-semiconductor field-effect transistors and negative-capacitance field-effect transistors for analog circuit applications[J]. IEEE Transactions on Electron Devices, 2020, 68(2): 846-852.

[28] AGARWAL H, KUSHWAHA P, DUARTE J P, et al. Engineering negative differential resistance in NCFETs for analog applications[J]. IEEE Transactions on Electron Devices, 2018, 65(5): 2033-2039.

[29] KHAN A, YEUNG C, HU C, et al. Ferroelectric negative capacitance MOSFET: capacitance tuning & antiferroelectric operation[C]//2011 International Electron Devices Meeting. IEEE, 2011.

[30] ZHOU J, HAN G, PENG Y, et al. Ferroelectric negative capacitance GeSn PFETs with sub-20 mV/decade subthreshold swing[J]. IEEE Electron Device Letters, 2017, 38(8): 1157-1160.

[31] LUC Q H, FAN-CHIANG C C, HUYNH S H, et al. First experimental demonstration of negative capacitance InGaAs MOSFETs with $Hf_{0.5}Zr_{0.5}O_2$ ferroelectric gate stack[C]//2018 IEEE Symposium on VLSI Technology. IEEE, 2018: 47-48.

[32] SAEIDI A, JAZAERI F, BELLANDO F, et al. Negative capacitance field effect transistors; capacitance matching and non-hysteretic operation[C]//47th European Solid-State Device

Research Conference (ESSDERC). IEEE, 2017.

[33] ZHOU J, HAN G, LI J, et al. Comparative study of negative capacitance Ge pFETs with HfZrO$_x$ partially and fully covering gate region[J]. IEEE Transactions on Electron Devices, 2017, 64(12): 4838-4843.

[34] LI X, TORIUMI A. Direct relationship between sub-60 mV/decade subthreshold swing and internal potential instability in MOSFET externally connected to ferroelectric capacitor[C]//2018 IEEE International Electron Devices Meeting(IEDM). IEEE, 2018.

[35] SHARMA P, TAPILY K, SAHA A K, et al. Impact of total and partial dipole switching on the switching slope of gate-last negative capacitance FETs with ferroelectric hafnium zirconium oxide gate stack[C]//2017 Symposium on VLSI Technology. IEEE, 2017.

[36] LEE M H, CHEN P G, FAN S T, et al. Negative capacitance FETs with steep switching by ferroelectric Hf-based oxide[C]//2017 International Symposium on VLSI Technology, Systems and Application (VLSI-TSA). IEEE, 2017: 1-2.

[37] LI J, ZHOU J, HAN G, et al. Negative capacitance Ge PFETs for performance improvement: impact of thickness of HfZrO$_x$[J]. IEEE Transactions on Electron Devices, 2018, 65(3): 1217-1222.

[38] PAHWA G, DUTTA T, Agarwal A, et al. Analysis and compact modeling of negative capacitance transistor with high on-current and negative output differential resistance—part II: model validation[J]. IEEE Transactions on Electron Devices, 2016, 63(12): 4986-4992.

[39] GUPTA S, STEINER M, Aziz A, et al. Device-circuit analysis of ferroelectric FETs for low-power logic[J]. IEEE Transactions on Electron Devices, 2017, 64(8): 3092-3100.

[40] ZHOU J, HAN G, JING L, et al. Negative differential resistance in negative capacitance FETs[J]. IEEE Electron Device Letters, 2018, 39(4): 622-625.

[41] ZHOU H, KWON D, SACHID A B, et al. Negative capacitance, n-channel, Si FinFETs: Bi-directional sub-60 mV/decade, negative DIBL, negative differential resistance and improved short channel effect[C]//2018 IEEE Symposium on VLSI Technology. IEEE, 2018: 53-54.

[42] KHAN A I, CHATTERJEE K, WANG B, et al. Negative capacitance in a ferroelectric capacitor[J]. Nature Materials, 2015, 14(2): 182-186.

[43] YUAN Z C, RIZWAN S, WONG M, et al. Switching-speed limitations of ferroelectric negative-capacitance FETs[J]. IEEE Transactions on Electron Devices, 2016, 63(10): 4046-4052.

[44] LYU X, SI M, SHRESTHA P R, et al. First direct measurement of sub-nanosecond polarization switching in ferroelectric hafnium zirconium oxide[C]//2019 IEEE International

Electron Devices Meeting(IEDM). IEEE, 2019.

[45] ZHOU J, WU J, HAN G, et al. Frequency dependence of performance in Ge negative capacitance PFETs achieving sub-30 mV/decade swing and 110 mV hysteresis at MHz[C]//2017 IEEE International Electron Devices Meeting(IEDM). IEEE, 2017.

[46] KWON D, LIAO Y H, LIN Y K, et al. Response speed of negative capacitance FinFETs[C]//2018 IEEE Symposium on VLSI Technology. IEEE, 2018: 49-50.

[47] YADAV A, NGUYEN K, HONG Z, et al. Spatially resolved steady-state negative capacitance[J]. Nature, 2019, 565(7740): 468-471.

[48] HOFFMANN M, FENGLER F P G, HERZIG M, et al. Unveiling the double-well energy landscape in a ferroelectric layer[J]. Nature, 2019, 565(7740): 464-467.

[49] OBRADOVIC B, RAKSHIT T, HATCHER R, et al. Ferroelectric switching delay as cause of negative capacitance and the implications to NCFETs[C]//2018 IEEE Symposium on VLSI Technology. IEEE, 2018: 51-52.

[50] ZHOU J, HAN G, XU N, et al. Experimental validation of depolarization field produced voltage gains in negative capacitance field-effect transistors[J]. IEEE Transactions on Electron Devices, 2019, 66(10): 4419-4424.

第 4 章　铁电负电容场效应晶体管的基本电学特性

负电容场效应晶体管自提出以来，就因其广阔的低功耗应用前景受到了世界各国研究者的广泛关注。大量针对其工作机理、设计原则、性能优化以及相关应用的研究相继展开。表 4-1 所示为基于不同铁电材料和器件结构的负电容场效应晶体管的研究现状统计。其中，铁电材料包括聚偏氟乙烯（PVDF）[1-4]、铁酸铋（BFO）[5-6]、锆钛酸铅（PZT）[7-9]、Zr:HfO$_2$（HZO）[10-14]、Si:HfO$_2$（HSO）[15]、Al:HfO$_2$（HAO）[16-18] 等，器件结构则包括平面晶体管[19-20]、鳍式场效应晶体管（Fin Field-Effect Transistor，FinFET）、纳米线晶体管[21]、全耗尽型绝缘体上硅（Fully Depleted Silicon-On-Insulator，FDSOI）[22] 等。

本章针对后摩尔时代集成电路产业对硅基 CMOS 工艺兼容性、高迁移率沟道及三维集成低温度预算等需求，同时也便于读者理解负电容器件的后续相关研究，以西安电子科技大学韩根全教授团队制备的基于 HZO 铁电材料的 Ge 与 GeSn 沟道负电容场效应晶体管为例，讲解负电容场效应晶体管基本电学特性，主要内容包括：

（1）负电容场效应晶体管的制备工艺；

（2）负电容场效应晶体管的性能表征。

表 4-1　基于不同铁电材料和器件结构的负电容场效应晶体管的研究现状统计

负电容场效应晶体管	器件结构	铁电材料	制备方法	掺杂浓度（%）	厚度（nm）	E_c（MV/cm）	退火温度（℃）
Si NFET[1]	平面晶体管	PVDF	旋涂	—	40	—	137
Si PFET[2]	平面晶体管	PVDF	旋涂	30	100	—	—
Si NFET[5]	FinFET	BFO	PLD	—	250	0.12	—
Si PFET[6]	FinFET	BFO	PLD	—	250	0.12	—
Si NFET[7]	平面晶体管	PZT	溅射	48	100	—	620
Si NFET[8]	平面晶体管	PZT	化学法	46	50	—	—
Si NFET[12]	FinFET	HZO	ALD	52	5	—	600
Si NFET[19]	平面晶体管	HZO	ALD	50	5	—	600
Si NFET[3]	平面晶体管	PVDF	旋涂	25	16	—	—
Ge PFET[10]	平面晶体管	HZO	ALD	50	6.5	1	450

续表

负电容场效应晶体管	器件结构	铁电材料	制备方法	掺杂浓度（%）	厚度（nm）	E_c（MV/cm）	退火温度（℃）
GeSn PFET[10]	平面晶体管	HZO	ALD	50	6.5	1	450
Ge PFET[21]	纳米线晶体管	HZO	ALD	50	10	1	500
Si NFET[15]	FinFET	HSO	ALD	4	5、8	1	—
Si PFET[15]	FinFET	HSO	ALD	4	5、8	1	—
Si NFET[18]	平面晶体管	HAO	ALD	4	10	3	900
Si NFET[22]	FDSOI	HZO	ALD	20	5	—	500
InGaAs NFET[20]	平面晶体管	HZO	ALD	50	8	1	500
Ge PFET[23]	平面晶体管	HZO	ALD	50	4.5	2	450
Si PFET[24]	FinFET	HZO	ALD	50	3	1	450
多晶 Si PFET[25]	全环绕栅极	HZO	ALD	50	10	1	700
Si NFET[26]	平面晶体管	HZO	ALD	50	3	—	500
Si PFET[27]	FinFET	HZO	ALD	50	3	—	450

4.1 铁电负电容场效应晶体管制备工艺

由 Ge 与 GeSn 沟道材料和 HZO 铁电材料制备的负电容场效应晶体管制备流程主要包括沟道表面钝化、HfO_2 介质淀积、TaN 中间浮栅淀积、HZO（HfO_2:ZrO_2 = 1:1）铁电材料淀积、TaN 顶栅淀积、栅极图形化和栅刻蚀、源漏离子注入、源漏金属淀积和快速热退火。

GeSn 沟道是利用分子束外延技术在 Ge(001) 表面外延的 10 nm 全应变 $Ge_{0.96}Sn_{0.04}$ 薄膜。由于 Ge 与 GeSn 沟道和 HfO_2 介质薄膜直接接触时，界面层会产生较大的电子态密度[28]。所以，采用乙硅烷钝化技术在沟道表面形成 SiO_2/Si 界面钝化层，从而可以获得小于 $1.9×10^{12} \, cm^{-2} \cdot eV^{-1}$ 的界面态密度[29]。随后，HfO_2 介质、TaN 中间浮栅、HZO 铁电材料、TaN 顶栅通过等离子体增强 ALD 技术和反应溅射技术依次淀积于沟道表面。栅极结构堆叠完成后，栅极图形化和刻蚀过程分别通过 i 线接触式曝光和反应离子刻蚀实现。栅极形成后，通过自对准工艺向器件结构注入能量为 20 keV、剂量为 $10^{15} \, cm^{-2}$ 的 BF_2^+ 离子。源漏区域金属接触则通过电子束蒸发和剥离工艺实现。最后，对器件分别实施 350 ℃ 和 450 ℃ 的氮气氛围快速退火，实现铁电材料正交相结晶、离子注入激活和源漏接触合金化。此外，基于完全相同的工艺，该团队还制备了栅极结构中不含

第 4 章　铁电负电容场效应晶体管的基本电学特性

HZO 铁电材料和 TaN 顶栅的对照 MOSFET 器件。

图 4.1(a) 和图 4.2(a) 分别为上述 Ge 与 GeSn 沟道负电容场效应晶体管栅极结构的透射电子显微镜（Transmission Electron Microscope，TEM）图。图 4.1(b) 和图 4.2(d) 中的 TEM 图展示了沟道与 HfO_2 介质之间均匀的 SiO_2/Si 界面钝化层。如图 4.1(c) 和图 4.2(c) 所示，Ge 与 GeSn 沟道负电容场效应晶体管中的 HZO 厚度均为 6.5 nm。图 4.2(b) 则展示了 Ge 衬底上外延的高质量全应变 $Ge_{0.96}Sn_{0.04}$ 薄膜。

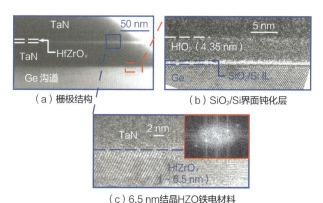

图 4.1　Ge 沟道负电容场效应晶体管栅极结构的 TEM 图

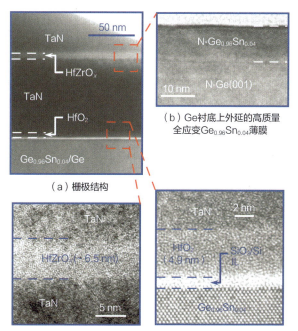

图 4.2　GeSn 沟道负电容场效应晶体管栅极结构的 TEM 图

4.2 铁电负电容场效应晶体管性能表征

铁电材料淀积是负电容效应晶体管制备工艺中的关键步骤之一，为此，4.2 节先介绍铁电材料的铁电性表征，然后介绍 Ge 与 GeSn 沟道负电容效应晶体管的电学性能表征。

4.2.1 铁电材料的铁电性表征

为确认退火后结晶 HZO 薄膜的铁电性，下面首先通过 GIXRD、极化强度 - 电场强度（P-E）和电容 - 电压（C-V）测试，表征 HZO 薄膜的铁电性。

图 4.3 所示为淀积后未退火、350 ℃ 和 450 ℃ 氮气氛围退火的 HZO 薄膜的 GIXRD 图谱。对比 HZO 薄膜标准衍射图谱可知，在氮气氛围中退火 30 s 后，HZO 薄膜由四方相（t）、正交相（o）和立方相（c）混合而成[30]。由于薄膜铁电性通常由非中心对称的正交相提供，所以 30.5°和 36°附近随退火温度上升而显著上升的正交相衍射峰说明，退火后的 HZO 薄膜具有明显的铁电性，且铁电性随退火温度上升而增强。

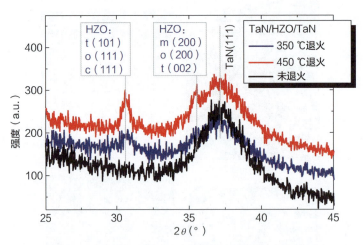

图 4.3　淀积后未退火、350 ℃ 和 450 ℃ 氮气氛围退火的 HZO 薄膜的 GIXRD 图谱

图 4.4 所示为 450 ℃ 氮气氛围退火的 HZO 薄膜的 P-E 和 C-V 测试曲线。HZO 薄膜厚度（t_{FE}）为 6.5 nm。典型的回滞型 P-E 曲线和蝴蝶形 C-V 曲线进一步说明了 HZO 薄膜中存在铁电性。

第 4 章 铁电负电容场效应晶体管的基本电学特性

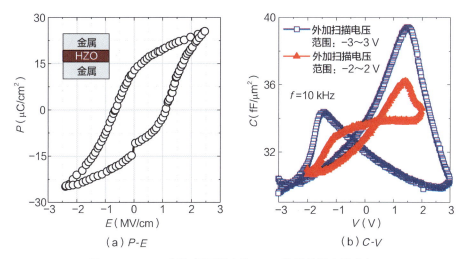

图 4.4 450 ℃ 氮气氛围退火的 HZO 薄膜的铁电性表征

4.2.2 锗沟道铁电负电容场效应晶体管电学性能表征

负电容场效应晶体管电学性能分为电流特性和电容特性，具体包括转移特性、输出特性、跨导特性、亚阈值特性和反型电容特性等。为表征铁电材料引入的回滞行为，本书中所有的 I_{DS}-V_G 曲线及相关电学特性测试均采用栅极电压正、反向扫描。I_{DS}-V_G 曲线中回滞窗口的宽度定义为：在栅极电压正、反向扫描过程中，负电容器件陡峭开关特性对应栅极电压的差值。此外，针对本章所述的 P 型器件而言，栅极电压正向和反向扫描的定义分别是：栅极电压由正到负（例如，1 ~ –2 V）和由负到正（例如，–2 ~ 1 V）的扫描方式。

图 4.5 所示为 350 ℃ 退火的 Ge 沟道负电容场效应晶体管的 I_{DS}-V_G、SS-I_{DS}、I_G-V_G 曲线。器件沟道长度（L_G）为 5 μm。当 V_{DS} = –0.05 V 时，I_{DS}-V_G 曲线展示出宽度约 2.32 V 的顺时针回滞窗口。此时，负电容场效应晶体管在晶体管开启、关闭过程中均展现陡峭开关特性。正 SS（SS_{for}）和反 SS（SS_{rev}）在 I_{DS} 的一到两个量级内分别保持在 47 mV/decade 和 43 mV/decade，且正、反最优 SS 分别为 44 mV/decade 和 21 mV/decade。

图 4.5（c）所示为 I_G-V_G 曲线。在栅极电压正、反向扫描过程中，I_G-V_G 曲线出现了电流突变的 AA′ 和 BB′ 区域，且恰好对应晶体管的陡峭开关行为。相较于不定型 HfO_2 介质，多晶 HZO 具有更小的禁带宽度[31]，因而会产生更大的极化翻转电流[32]。因此，I_G 骤降的现象应归因于突然下降的 HZO 的电容分压。此时，突然减小的 C_{FE} 分压必然导致突然增大的 C_{MOS} 分压，称为"栅极电压放大效应"，被视作负电容效应的有力证据之一[2, 3, 33]。综上所述，晶体管中吻合

的陡峭开关行为和栅极电压放大效应不仅证实了负电容效应的存在性，还明确了负电容场效应晶体管实现陡峭 SS 的能力。

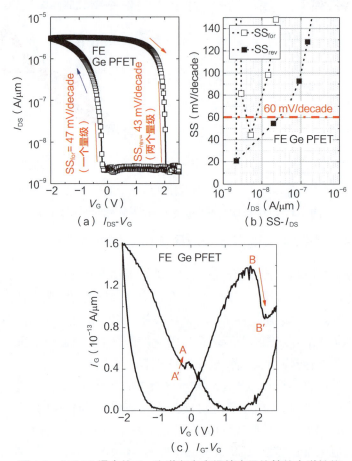

图 4.5 350 ℃ 退火的 Ge 沟道负电容场效应晶体管的电学性能

图 4.6 所示为 Ge 沟道负电容场效应晶体管的 I_{DS}-V_{DS} 曲线。在栅极电压正、反向扫描过程中，I_{DS}-V_{DS} 曲线呈现出与 I_{DS}-V_G 曲线一致的非对称性。图 4.6 中的阈值电压（V_{TH}）定义为电压正向扫描过程中，沟道电流为 10^{-7} A/μm 时的栅极电压。相比非对称的 I_{DS}-V_{DS} 曲线，更值得注意的是负电容场效应晶体管呈现的不同于 MOSFET 的 NDR 现象。产生 NDR 现象的原因是栅漏交叠电容引起的栅漏耦合效应。基于栅漏耦合效应，上升的 V_{DS} 可以通过减小栅极电压以提升沟道势垒，使$\partial I_{DS}/\partial V_{DS}$减小。换言之，当 V_{DS} 通过栅漏耦合效应主导沟道电流时，负电容场效应晶体管将呈现 NDR 效应[34-37]。NDR 效应导致沟道势垒高度上升，从而抑制短沟道器件中的 DIBL 效应[10]，但其产生的畸变 I_{DS}-V_{DS} 曲线

极有可能引发负电容场效应晶体管电路级逻辑混乱[35-37]。本书第6章将详细探索 NDR 产生机理和调控机制相关的代表性工作。

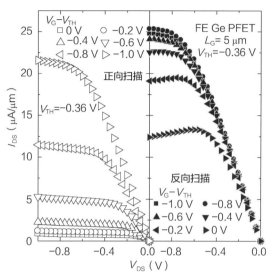

图 4.6　350 ℃ 退火的 Ge 沟道负电容场效应晶体管的 I_{DS}-V_{DS} 曲线

理论研究表明，铁电材料结晶温度的改变可以显著调控负电容场效应晶体管的相关电学性能[38]。因此，接下来本章将对比讨论在 350 ℃ 和 450 ℃ 退火的 Ge 沟道负电容场效应晶体管的相关电学特性。图 4.7 所示为 450 ℃ 退火的 Ge 沟道负电容场效应晶体管及对照 MOSFET 器件的 I_{DS}-V_G 和 SS-I_{DS} 曲线。负电容场效应晶体管和对照 MOSFET 器件的 L_G 均为 2 μm。相比 350 ℃ 退火的 Ge 沟道负电容场效应晶体管，450 ℃ 退火的 Ge 沟道负电容场效应晶体管中几乎完全消除了回滞，最优 SS 仅为 56 mV/decade。需要注意的是，此时的负电容场效应晶体管依旧保持着优于对照 MOSFET 器件的电学性能。当 V_{DS} = –0.05 V 时，450 ℃ 退火的 Ge 沟道负电容场效应晶体管不仅在全电流范围内展现出优于对照 MOSFET 器件的 SS，还实现了明显的电流改善：增大的开态电流和减小的关态电流。

图 4.8（a）提取了 V_{DS} = –0.05 V 时，负电容场效应晶体管和对照 MOSFET 器件的 G_m-V_G 曲线。相比于对照 MOSFET 器件，负电容场效应晶体管的峰值跨导在正、反向扫描过程中分别提升了 64% 和 150%。图 4.8（b）所示的 I_{DS}-V_{DS} 曲线同样表明了负电容场效应晶体管中增大的沟道电流，当 |V_G-V_{TH}| = |V_{DS}| = 1 V 时，负电容场效应晶体管相比于对照 MOSFET 器件实现了 22% 的电流增益。图 4.8（c）中的多个器件统计结果显示，当 V_{DS} = –0.05 V 以及 V_G-V_{TH} = –1 V 时，回滞电压为 0.04 V 和 1.4 V 的负电容场效应晶体管相比对照 MOSFET 器件分别展示出了 30% 和 60% 的沟道电流增益。此外，图 4.8（b）中的 I_{DS}-V_{DS}

曲线中同样呈现了 NDR 效应。

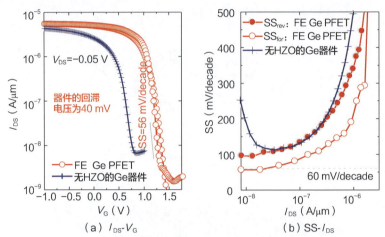

图 4.7 450 ℃ 退火的 Ge 沟道负电容场效应晶体管及对照 MOSFET 器件的电学性能

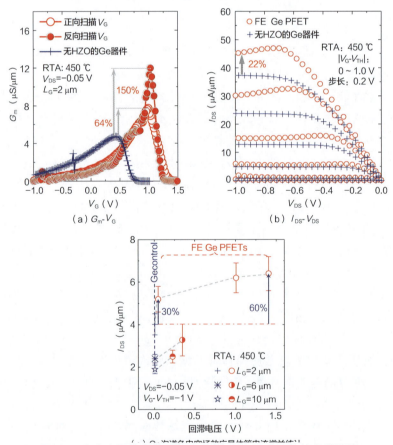

图 4.8 负电容场效应晶体管和对照 MOSFET 器件的电学性能

图 4.9 所示为 450 ℃ 退火的 Ge 沟道负电容场效应晶体管及对照 MOSFET 器件的 C_G-V_G 曲线。不同于对照 MOSFET 器件，Ge 沟道负电容场效应晶体管的 C_G（栅极电容）在亚阈值区附近急速上升并形成了电容尖峰现象。急剧上升的电容尖峰直接导致了更大的沟道电荷变化率和更高的沟道电荷浓度，从而分别实现了负电容

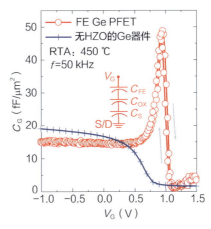

图 4.9　450 ℃ 退火的 Ge 沟道负电容场效应晶体管及其对照 MOSFET 器件的 C_G-V_G 曲线

场效应晶体管的陡峭 SS 和沟道电流增益。理论研究表明，由于负电容场效应晶体管栅极电容由 C_{FE} 和 C_{MOS} 串联而成，即 $C_G^{-1}=C_{FE}^{-1}+C_{MOS}^{-1}$，所以当 C_{FE} 表现为负电容时，晶体管反型层电容将会呈现急剧上升趋势和电容尖峰现象[39]。因此，电容特性曲线中的电容尖峰现象是负电容效应最直接的实验证据之一[40]。

综上所述，随着退火温度上升，Ge 沟道负电容场效应晶体管表现出明显的回滞消除现象，450 ℃ 退火的无回滞 Ge 沟道负电容场效应晶体管表现出无回滞且电流特性和亚阈值特性优于对照 MOSFET 器件的电学性能。如图 4.10 所示，当退火温度由 350 ℃ 上升至 450 ℃ 时，回滞窗口和 SS 中位数分别由 2.2 V 和 50 mV/decade 变化至 0.44 V 和 65 mV/decade。显然，基于退火温度的铁电参数调控可以实现 Ge 沟道负电容场效应晶体管回滞特性和亚阈值特性的动态优化。

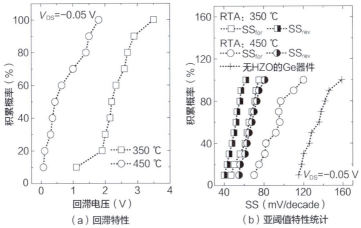

(a) 回滞特性　　　(b) 亚阈值特性统计

图 4.10　350 ℃ 和 450 ℃ 退火的 Ge 沟道负电容场效应晶体管及对照 MOSFET 器件的回滞特性和亚阈值特性曲线

4.2.3 锗锡沟道铁电负电容场效应晶体管电学性能表征

图 4.11（a）所示为 350 ℃ 和 450 ℃ 退火的 GeSn 沟道负电容场效应晶体管的 I_{DS}-V_G 曲线。当退火温度为 350 ℃ 时，GeSn 沟道负电容场效应晶体管回滞电压为 0.4 V，最优 SS 为 30 mV/decade，并在 I_{DS} 的一到两个量级内保持在 40 mV/decade 左右。当退火温度上升至 450 ℃ 时，GeSn 沟道负电容场效应晶体管回滞窗口基本消失，亚阈值特性明显衰退。但相比于对照 MOSFET 器件，450 ℃ 退火的 GeSn 沟道负电容场效应晶体管仍然实现了亚阈值特性的改善和沟道电流的提升。

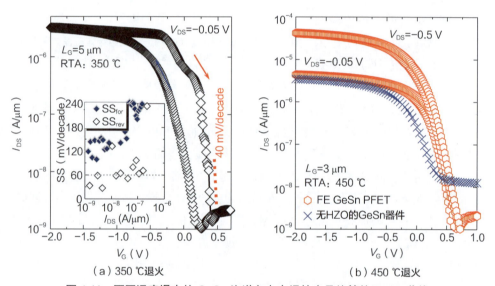

图 4.11 不同温度退火的 GeSn 沟道负电容场效应晶体管的 I_{DS}-V_G 曲线

图 4.12（a）对比研究了 450 ℃ 退火的 GeSn 沟道负电容场效应晶体管及对照 MOSFET 器件的线性跨导。相比于对照 MOSFET 器件，GeSn 沟道负电容场效应晶体管在开启、关闭过程中，分别实现了 18% 和 25% 的峰值跨导增益。图 4.12（b）所示为 450 ℃ 退火的 GeSn 沟道负电容场效应晶体管及对照 MOSFET 器件的 I_{DS}-V_{DS} 曲线。当 $|V_G-V_{TH}| = |V_{DS}| = 1$ V 时，GeSn 沟道负电容场效应晶体管相比于对照 MOSFET 器件，沟道电流提升了约 20%。同样，GeSn 沟道负电容场效应晶体管的 I_{DS}-V_{DS} 曲线也呈现 NDR 效应。

图 4.13 所示为 450 ℃ 退火的 GeSn 沟道负电容场效应晶体管随频率变化的 C_G-V_G 曲线。当 $f = 10$ kHz 时，急剧上升的电容尖峰现象直接证明了 GeSn 沟道负电容场效应晶体管中的负电容效应[40]。然而，当测试频率上升至 80 kHz 时，电容尖峰

明显变小。显然，MFMIS 结构负电容场效应晶体管的负电容效应具有极强的频率依赖性。本书的第 7 章将详细探讨负电容场效应晶体管频率响应特性优化的相关研究。

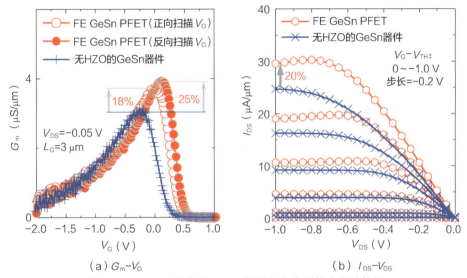

(a) G_m-V_G

(b) I_{DS}-V_{DS}

图 4.12　450 ℃ 退火的 GeSn 沟道负电容场效应晶体管及对照 MOSFET 器件的电学性能对比

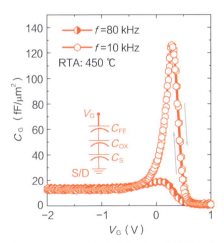

图 4.13　450 ℃ 退火的 GeSn 沟道负电容场效应晶体管在不同频率下的 C_G-V_G

4.3　本章小结

本章通过介绍西安电子科技大学韩根全教授团队针对 Ge 与 GeSn 沟道负电容场效应晶体管的研究，详细论述了负电容场效应晶体管的基本电学特性，包括增大的开态电流、减小的关态电流、增大的跨导、NDR 效应以及栅极电容尖峰现象。

具体研究成果如下。

（1）实验制备了高迁移率 Ge 与 GeSn 沟道负电容场效应晶体管，在验证负电容场效应晶体管陡峭 SS 的同时，还发现了其具有增强开态电流和抑制关态电流的能力，进一步明确了负电容场效应晶体管的低功耗应用前景。此外，还通过分析电流、电容、跨导、SS 等特性，系统地证实了负电容效应的存在性和负电容场效应晶体管应用的可行性。

（2）通过对比 350 ℃ 和 450 ℃ 退火的负电容场效应晶体管的回滞窗口、SS、沟道电流等电学特性，发现负电容场效应晶体管的性能可通过退火温度进行调控。研究表明，上述现象与受退火温度调控的电容匹配程度有关。

（3）实验发现负电容场效应晶体管的输出特性曲线中呈现 NDR 效应。受栅漏交叠电容产生的栅漏耦合效应影响，负电容场效应晶体管沟道势垒随漏极电压的增大而升高，从而导致了 I_{DS}-V_{DS} 曲线中随漏极电压增大呈负增长的沟道电流。此时，微分电阻为负，即产生了 NDR 效应。可以通过 NDR 效应提升的沟道势垒高度抑制短沟道器件中的 DIBL 效应[38]，但也极有可能因为其畸变的输出特性曲线引发负电容场效应晶体管电路级逻辑混乱[35-37]。因此，合理利用 NDR 效应的方法尚待进一步研究。

（4）实验发现了负电容场效应晶体管理论模型预言的电容尖峰现象。理论研究表明，由于负电容场效应晶体管栅极电容由 C_{FE} 和 C_{MOS} 串联而成，即 $C_G^{-1}=C_{FE}^{-1}+C_{MOS}^{-1}$，所以当 C_{FE} 表现为负电容时，晶体管反型层电容将会出现急剧上升趋势和电容尖峰现象[39]。因此，电容特性曲线中的电容尖峰现象被认作负电容效应最直接的实验证据之一[40]。

参考文献

[1] SALVATORE G, BOUVET D, IONESCU A. Demonstration of subthreshold swing smaller than 60 mV/decade in Fe-FET with P(VDF-TrFE)/SiO$_2$ gate stack[C]//IEEE Electron Devices Meeting. IEEE, 2008: 1-4.

[2] RUSU A, SALVATORE G, JIMÉNEZ D, et al. Metal-ferroelectric-metal-oxide-semiconductor field effect transistor with sub-60 mV/decade subthreshold swing and internal voltage amplification[C]//2010 International Electron Devices Meeting. IEEE, 2010.

[3] JO J, SHIN C. Negative capacitance field effect transistor with hysteresis-free sub-60-mV/

decade switching[J]. IEEE Electron Device Letters, 2016, 37(3): 245-248.

[4] WANG X, CHEN Y, WU G, et al. Two-dimensional negative capacitance transistor with polyvinylidene fluoride-based ferroelectric polymer gating[J]. NPJ 2D Materials and Applications, 2017, 1(1): 38.

[5] KHAN A, CHATTERJEE K, DUARTE J, et al. Negative capacitance in short-channel FinFETs externally connected to an epitaxial ferroelectric capacitor[J]. IEEE Electron Device Letters, 2015, 37(1): 111-114.

[6] HOU Y F, LI W L, ZHANG T D, et al. Negative capacitance in $BaTiO_3/BiFeO_3$ bilayer capacitors[J]. ACS Applied Materials & Interfaces, 2016, 8 (34): 22354-22360.

[7] DASGUPTA S, RAJASHEKHAR A, MAJUMDAR K, et al. Sub-kT/q switching in strong inversion in $PbZr_{0.52}Ti_{0.48}O_3$ gated negative capacitance FETs[J]. IEEE Journal on Exploratory Solid-State Computational Devices and Circuits, 2015(1): 43-48.

[8] SAEIDI A, JAZAERI F, BELLANDO F, et al. Negative capacitance field effect transistors; capacitance matching and non-hysteretic operation[C]//47th European Solid-State Device Research Conference (ESSDERC). IEEE, 2017: 78-81.

[9] PARK J, JANG G, KIM H, et al. Sub-kT/q subthreshold-slope using negative capacitance in low-temperature polycrystalline-silicon thin-film transistor[J]. Scientific Reports, 2016, 6(1): 24734.

[10] ZHOU J, HAN G, LI Q, et al. Ferroelectric $HfZrO_x$ Ge and GeSn PMOSFETs with sub-60 mV/decade subthreshold swing, negligible hysteresis, and improved I_{DS}[C]//2016 IEEE Electron Devices Meeting (IEDM). IEEE, 2016.

[11] HOFFMANN M, MAX B, MITTMANN T, et al. Demonstration of high-speed hysteresis-free negative capacitance in ferroelectric $Hf_{0.5}Zr_{0.5}O_2$[C]//2018 IEEE International Electron Devices Meeting (IEDM). IEEE, 2018.

[12] LI K S, CHEN P G, LAI T Y, et al. Sub-60mV-swing negative-capacitance FinFET without hysteresis[C]//2015 IEEE International Electron Devices Meeting (IEDM). IEEE, 2015.

[13] ZHOU J, HAN G, PENG Y, et al. Ferroelectric negative capacitance GeSn PFETs with sub-20 mV/decade subthreshold swing[J]. IEEE Electron Device Letters, 2017, 38(8): 1157-1160.

[14] CHENG C, CHIN A. Low-voltage steep turn-on pMOSFET using ferroelectric high-k gate dielectric[J]. IEEE Electron Device Letters, 2014, 35(2): 274-276.

[15] KRIVOKAPIC Z, RANA U, GALATAGE R, et al. 14 nm Ferroelectric FinFET technology with steep subthreshold slope for ultra low power applications[C]//2017 IEEE Electron Devices Meeting (IEDM). IEEE, 2017.

[16] NOURBAKHSH A, ZUBAIR A, JOGLEKAR S, et al. Subthreshold swing improvement in MoS$_2$ transistors by the negative-capacitance effect in a ferroelectric Al-doped-HfO$_2$/HfO$_2$ gate dielectric stack[J]. Nanoscale, 2017, 9(18): 6122-6127.

[17] SRIMANI T, HILLS G, BISHOP M, et al. Negative capacitance carbon nanotube FETs[J]. IEEE Electron Device Letters, 2017, 39(2): 304-307.

[18] FAN C C, CHENG C H, CHEN Y R, et al. Energy-efficient HfAlO$_x$ NCFET: using gate strain and defect passivation to realize nearly hysteresis-free sub-25 mV/decade switch with ultralow leakage[C]//2017 IEEE International Electron Devices Meeting (IEDM). IEEE, 2017.

[19] LEE M, CHEN P G, LIU C, et al. Prospects for ferroelectric HfZrO$_x$ FETs with experimentally CET = 0.98 nm, SS$_{for}$ = 42 mV/decade, SS$_{rev}$ = 28 mV/decade, switch-off <0.2 V, and hysteresis-free strategies[C]//2015 IEEE International Electron Devices Meeting (IEDM). IEEE, 2015.

[20] LUC Q, FAN C C, HUYNH S, et al. First experimental demonstration of negative capacitance InGaAs MOSFETs with Hf$_{0.5}$Zr$_{0.5}$O$_2$ ferroelectric gate stack[C]//2018 IEEE Symposium on VLSI Technology. IEEE, 2018: 47-48.

[21] BHUWALKA K, BORN M, SCHINDLER M, et al. P-channel tunnel field-effect transistors down to sub-50 nm channel lengths[J]. Japanese Journal of Applied Physics, 2006, 45(4S): 3106.

[22] KWON D, CHATTERJEE K, TAN A, et al. Improved subthreshold swing and short channel effect in FDSOI n-channel negative capacitance field effect transistors[J]. IEEE Electron Device Letters, 2017, 39(2): 300-303.

[23] GINZBURG V L. On the dielectric properties of ferroelectric (seignetteelectric) crystals and barium titanate[J]. Zh. Eksp. Teor. Fiz, 1945(15): 739.

[24] LIN C I, KHAN A, SALAHUDDIN S, et al. Effects of the variation of ferroelectric properties on negative capacitance FET characteristics[J]. IEEE Transactions on Electron Devices, 2016, 63(5): 2197-2199.

[25] LEE S Y, CHEN H W, SHEN C H, et al. Effect of seed layer on gate-all-around poly-Si nanowire negative-capacitance FETs with MFMIS and MFIS structures: planar capacitors to 3D FETs[J]. IEEE Transactions on Electron Devices, 2020, 67(2): 711-716.

[26] KWON D, CHEEMA S, LIN Y K, et al. Near threshold capacitance matching in a negative capacitance FET with 1 nm effective oxide thickness gate stack[J]. IEEE Electron Device Letters, 2019, 41(1): 179-182.

[27] CAI Y, ZHANG Q, ZHANG, et al. Endurance characteristics of negative capacitance FinFETs

with negligible hysteresis[J]. IEEE Electron Device Letters, 2021, 42(2):260-263.

[28] TAOKA N, HARADA M, YAMASHITA Y, et al. Effects of Si passivation on Ge metal-insulator-semiconductor interface properties and inversion-layer hole mobility[J]. Applied Physics Letters, 2008, 92(11): 113511.

[29] HAN G, SU S, ZHAN C, et al. High-mobility germanium-tin (GeSn) P-channel MOSFETs featuring metallic source/drain and sub-370 ℃ prroess modules[C]//2011 International Electron Devices Meeting. IEEE, 2011.

[30] MULLER J, BÖSCKE T, SCHRÖDER U, et al. Ferroelectricity in simple binary ZrO_2 and HfO_2[J]. Nano Letters, 2012, 12 (8): 4318-4323.

[31] CHIANG C, CHANG J, LIU W, et al. Investigation of the structural and electrical characterization on ZrO_2 addition for ALD HfO_2 with La_2O_3 capping layer integrated metal-oxide semiconductor capacitors[C]//2011 IEEE/SEMI Advanced Semiconductor Manufacturing Conference, 2011: 1-4.

[32] CHEN H P, LEE V, OHOKA A, et al. Modeling and design of ferroelectric MOSFETs[J]. IEEE Transactions on Electron Devices, 2011, 58(8): 2401-2405.

[33] ZHOU J, HAN G, LI J, et al. Comparative study of negative capacitance Ge pFETs with $HfZrO_x$ partially and fully covering gate region[J]. IEEE Transactions on Electron Devices, 2017, 64(12): 4838-4843.

[34] PAHWA G, DUTTA T, AGARWAL A, et al. Analysis and compact modeling of negative capacitance transistor with high on-current and negative output differential resistance—part II: model validation[J]. IEEE Transactions on Electron Devices, 2016, 63(12): 4986-4992.

[35] GUPTA S, STEINER M, AZIZ A, et al. Device-circuit analysis of ferroelectric FETs for low-power logic[J]. IEEE Transactions on Electron Devices, 2017, 64(8): 3092-3100.

[36] DUTTA T, PAHWA G, TRIVEDI A, et al. Performance evaluation of 7-nm node negative capacitance FinFET-based SRAM[J]. IEEE Electron Device Letters, 2017, 38(8): 1161-1164.

[37] LI Y, KANG Y, GONG X. Evaluation of negative capacitance ferroelectric MOSFET for analog circuit applications[J]. IEEE Transactions on Electron Devices, 2017, 64(10): 4317-4321.

[38] KHAN A, YEUNG C, HU C, et al. Ferroelectric negative capacitance MOSFET: capacitance tuning & antiferroelectric operation[C]//2011 International Electron Devices Meeting. IEEE, 2011.

[39] JIMENEZ D, MIRANDA E, GODOY A. Analytic model for the surface potential and drain current in negative capacitance field-effect transistors[J]. IEEE Transactions on Electron

Devices, 2010, 57(10): 2405-2409.

[40] KHAN A, RADHAKRISHNA U, SALAHUDDIN S, et al. Work function engineering for performance improvement in leaky negative capacitance FETs[J]. IEEE Electron Device Letters, 2017, 38(9): 1335-1338.

等5章 铁电负电容场效应晶体管的电容匹配原则

早在2008年负电容场效应晶体管概念提出时，Salahuddin教授就指出：稳定的负电容效应极度依赖于串联正电容的恰当匹配，电容匹配程度将直接影响负电容场效应晶体管回滞行为和电学性能[1]。因此，本章将基于负电容场效应晶体管性能的优化设计原则，深入讨论电容匹配原则及相关的代表性研究成果，主要内容包括：

(1) 电容匹配原则影响因素分析；
(2) 电容匹配原则调控手段论证；
(3) 电容匹配原则微观机理解析。

5.1 电容匹配原则影响因素分析

图5.1所示为常见NCFET结构示意及其等效电容模型。栅极电容由C_{FE}和C_{MOS}组成。由于C_{FE}仅在部分区域表现为负电容，因此，定义铁电正、负电容为$C_{FE,P}$和$C_{FE,N}$。所谓的"电容匹配"程度即$|C_{FE,N}|$和C_{MOS}之间的大小关系，可表述如下[2-3]。

(1) $C_{MOS} > |C_{FE,N}|$，此时$|C_{FE,N}|$和C_{MOS}电容失配，负电容效应不稳定但可产生局部增益。因此，NCFET表现出回滞特性和局部陡峭SS。

(2) $C_{MOS} \leqslant |C_{FE,N}| \leqslant C_{OX}$，此时$|C_{FE,N}|$和$C_{MOS}$电容恰当匹配，负电容效应稳定且可产生大范围增益。NCFET表现出无回滞特性以及大范围陡峭SS和电流增益。

(3) $|C_{FE,N}| > C_{OX}$，此时$|C_{FE,N}|$和C_{MOS}电容匹配不恰当，负电容效应稳定但增益极其有限。NCFET表现出无回滞特性，性能提升几乎可以忽略不计。

2016年，加利福尼亚大学伯克利分校Hu和Salahuddin等人针对电容匹配的关键因素——铁电负电容，首次提出了精确评估公式[4]：

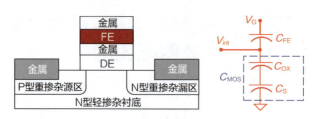

图 5.1　NCFET 结构示意及其等效电容模型

注：FE 代表铁电材料，DE 代表介电材料。

$$\left|C_{\mathrm{FE,N}}\right| = A_{\mathrm{FE}} \cdot \frac{2}{3\sqrt{3}} \cdot \frac{P_{\mathrm{r}}}{E_{\mathrm{c}} \cdot t_{\mathrm{FE}}} \tag{5-1}$$

其中，A_{FE}、P_{r}、E_{c} 和 t_{FE} 分别表示铁电材料面积、剩余极化强度、矫顽场强度和铁电材料厚度。即，$|C_{\mathrm{FE,N}}|$ 可以通过改变 P_{r}、E_{c}、t_{FE} 和 A_{FE} 等参数进行调整。

如前文所述，P_{r} 通常定义为零偏压时铁电材料所具有的自发极化强度，又称为剩余极化强度，其主要控制因素为铁电材料中表现为铁电性的非中心对称正交相结晶畴数目。E_{c} 为矫顽场，通常定义为铁电材料极化翻转所需的电场强度大小，主要由铁电材料中所有正交相结晶畴矫顽场强度的平均值所决定[5-7]。因此，铁电材料的 P_{r} 和 E_{c} 可以通过改变退火温度或者电压扫描范围进行调整。

图 5.2（a）所示为 t_{FE} = 6.6 nm 且 A_{FE} = 6400 μm² 的 HZO 薄膜在不同退火温度（$T_{\mathrm{Annealing}}$）和扫描电压（V_{range}）下的 P-E 曲线。为量化 $T_{\mathrm{Annealing}}$ 和 V_{range} 对铁电材料 P_{r} 和 E_{c} 的影响，图 5.2（b）提取了基于不同 $T_{\mathrm{Annealing}}$ 和 V_{range} 的 P_{r} 和 E_{c}。如图 5.2（b）所示，随着 $T_{\mathrm{Annealing}}$ 的升高，P_{r} 明显增大，但 E_{c} 无明显变化。原因是升高的 $T_{\mathrm{Annealing}}$ 可以显著增加铁电材料的正交相结晶畴数目，但对于与数目无关的矫顽场强度平均值则影响甚微。随着 V_{range} 的展宽，具有更高 E_{c} 的结晶畴开始响应，此时，正交相结晶畴的数目及其矫顽场强度平均值同时上升，因而铁电材料的 P_{r} 和 E_{c} 将同时增大。基于上述实验结果和式（5-1），图 5.2（c）估算了不同 $T_{\mathrm{Annealing}}$ 和 V_{range} 下的 $|C_{\mathrm{FE,N}}|$ 的大小。显然，调整 $T_{\mathrm{Annealing}}$ 和 V_{range} 会使 $|C_{\mathrm{FE,N}}|$ 明显增大。此外，根据式（5-1）可知，改变 t_{FE} 和 A_{FE} 同样可以调整 $|C_{\mathrm{FE,N}}|$。

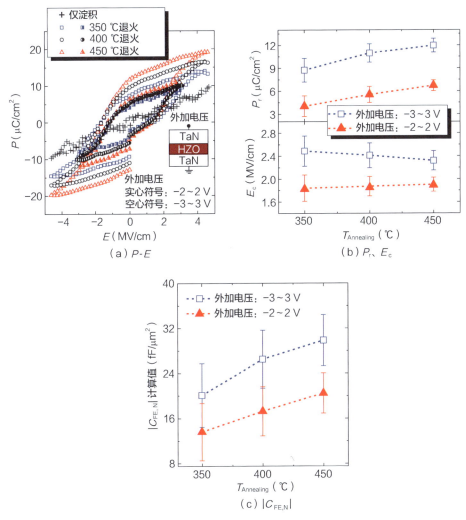

图 5.2　t_{FE} = 6.6 nm 且 A_{FE} = 6400 μm² 的 HZO 薄膜的电容特性曲线

综上所述，铁电材料退火温度、铁电材料面积、铁电材料厚度和栅极电压扫描范围等作为调控铁电负电容大小的关键变量，具备优化负电容器件电容匹配程度的潜力。因此，本章将探索上述参数与电容匹配的关系以及其对负电容器件电学性能的影响。

5.2　电容匹配原则调控手段论证

电容匹配原则自提出以来就引起了众多研究者的注意[8-18]。为系统阐述基于铁电材料退火温度、铁电材料面积、铁电材料厚度和栅极电压扫描范围等变量与电容匹配的关系以及对负电容器件电学性能的影响,本章将以西安电子科技大学韩根全教授团队的系列工作为例进行说明。

5.2.1 $T_{Annealing}$ 对 NCFET 电学性能的影响

$T_{Annealing}$ 对 NCFET 电学性能影响的研究将基于 Ge 与 GeSn NCFET 及对照 MOSFET 器件展开。制备工艺步骤与第 2 章相同。器件结构构建完成后,通过让器件在不同温度的氮气氛围中退火,从而实现薄膜铁电性的差异性调控。为确保退火温度对 C_{MOS} 的影响微乎其微,在表征 NCFET 的性能之前,图 5.3 首先对比了 400 ℃ 和 500 ℃ 退火的 GeSn 对照 MOSFET 器件的 C_{MOS}-V_G 曲线,结果证明 $T_{Annealing}$ 对 C_{MOS} 的影响极其有限。

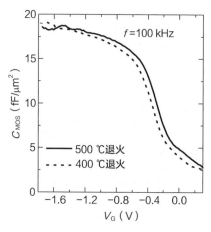

图 5.3　400 ℃ 和 500 ℃ 退火的 GeSn 对照 MOSFET 器件的 C_{MOS}-V_G 曲线

首先对比 400 ℃ 和 500 ℃ 退火的 GeSn NCFET 及对照 MOSFET 器件的性能。图 5.4 展示了 400 ℃ 退火的 GeSn NCFET 的 I_{DS}-V_G 和 I_{DS}-V_{DS} 曲线,器件 L_G 为 3 μm。如图 5.4(a)所示,当 V_{DS} = −0.05 V 时,I_{DS}-V_G 曲线展现出宽度为 1.28 V 的顺时针回滞窗口。此时,正、反向 SS 在 I_{DS} 的近 3 个量级内分别达到了 10 mV/decade 和 16 mV/decade。区别于界面缺陷诱导的逆时针回滞窗口,上述顺时针回滞窗口被当作负电容效应主导器件电学性能的标志之一[19]。回滞窗口产生的非对称性同样呈现在 I_{DS}-V_{DS} 曲线中,栅极电压正、反向扫描

时的 I_{DS}-V_{DS} 曲线如图 5.4（b）所示。非对称性主要源于有回滞 NCFET 中的铁电材料在栅极电压正、反向扫描过程中的非对称性极化翻转[12]。此外，I_{DS}-V_{DS} 曲线中特有的 NDR 效应，进一步证实了负电容效应主导该器件的电学行为。

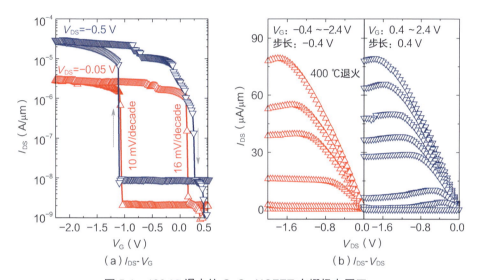

图 5.4 400 ℃ 退火的 GeSn NCFET 在栅极电压正、反向扫描过程中的电学特性曲线

图 5.5 为 500 ℃ 退火的 GeSn NCFET 及对照 MOSFET 器件的 I_{DS}-V_G 曲线、SS-I_{DS} 曲线和沟道电流统计结果，器件 L_G 为 2 μm。图 5.5（a）所示为 I_{DS}-V_G 曲线，相比于 400 ℃ 退火的 GeSn NCFET，回滞窗口几乎完全消失。尽管亚阈值特性相比 400 ℃ 退火的 GeSn NCFET 显著退化，但最小 SS 低至 10 mV/decade，且正、反向 SS 在 I_{DS} 的两到三个量级内保持在 60 mV/decade 以下，如图 5.5（b）所示。相比于对照 MOSFET 器件，GeSn NCFET 不仅实现了亚阈值特性的改善，还实现了沟道电流的增益。根据图 5.5（c），当 $V_G = -2$ V 时，500 ℃ 退火的 GeSn NCFET 相比对照 MOSFET 器件在 $V_{DS} = -0.05$ V 和 $V_{DS} = -0.5$ V 时分别获得了 23% 和 31% 的沟道电流增益。图 5.6 中的 I_{DS}-V_{DS} 曲线同样展示了增强的沟道电流。当 $V_{DS} = -2$ V，$V_G = -1.6$ V 时，GeSn NCFET 相比对照 MOSFET 器件获得了约 34% 的沟道电流增益。此外，500 ℃ 退火的 GeSn NCFET 同样展示了 NDR 效应。

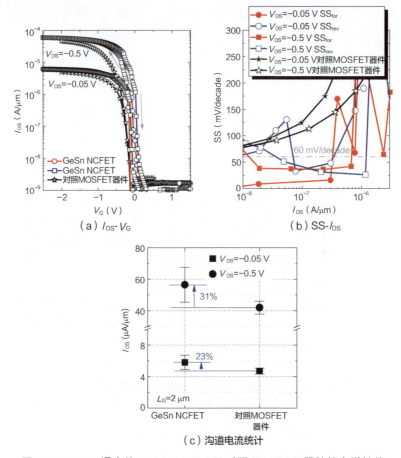

图 5.5 500 ℃ 退火的 GeSn NCFET 及对照 MOSFET 器件的电学性能

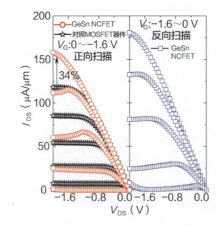

图 5.6 500 ℃ 退火的 GeSn NCFET 及对照 MOSFET 器件随栅极电压正、反向扫描的 I_{DS}-V_{DS} 曲线

综上所述，当 $T_{\text{Annealing}}$ 由 400 ℃ 上升至 500 ℃ 时，GeSn NCFET 的电容匹配程度得到了极大的优化，回滞窗口显著缩小。如图 5.7 所示，相较于 400 ℃ 退火，500 ℃ 退火的 GeSn NCFET 的回滞窗口宽度中位数由 1.37 V 下降至 0.22 V。鉴于退火温度上升对 C_{MOS} 的影响已经排除，此时回滞窗口的消除应归因于铁电材料中增加的正交相结晶畴数目和升高的 P_r/E_c。当 NCFET 栅极电容满足电容匹配条件 $|C_{\text{FE,N}}| \geqslant C_{\text{MOS}}$ 时，回滞窗口几乎完全消失。此外，需要注意的是，随着退火温度上升，回滞窗口的缩小总是伴随着亚阈值特性的衰退。

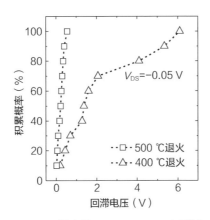

图 5.7 400 ℃ 和 500 ℃ 退火的 GeSn NCFET 回滞窗口宽度统计分布

为进一步讨论上述结论的普适性，基于 Ge NCFET 重复上述实验，并将温度变化步长缩小至 50 ℃。Ge NCFET 及对照 MOSFET 器件制备完成后，让器件分别在 350 ℃、400 ℃ 和 450 ℃ 氮气氛围中退火。

图 5.8 所示为 350 ℃ 退火的 Ge NCFET 的 I_{DS}-V_{G} 和 SS-I_{DS} 曲线，器件 L_{G} 为 5 μm。如图 5.8(a) 所示，当 V_{DS} = −0.05 V 时，I_{DS}-V_{G} 曲线展现出宽度为 2.3 V 的顺时针回滞窗口。此时，反向平均 SS 在 I_{DS} 的一到两个量级内保持在 50 mV/decade，且最小 SS 低至 27 mV/decade。

图 5.9 和图 5.10 分别为 400 ℃ 退火和 450 ℃ 退火的 Ge NCFET 的 I_{DS}-V_{G} 和 SS-I_{DS} 曲线。器件 L_{G} 分别为 6 μm 和 2 μm。如图 5.9(a) 和图 5.10(a) 所示，当 V_{DS} = −0.05 V 时，I_{DS}-V_{G} 曲线中的顺时针回滞窗口宽度明显缩小，分别为 1.67 V 和 0.1 V。此时，反向平均 SS 在 I_{DS} 的一到两个量级内分别为 60 mV/decade 和 75 mV/decade，且最小 SS 分别为 58 mV/decade 和 70 mV/decade。

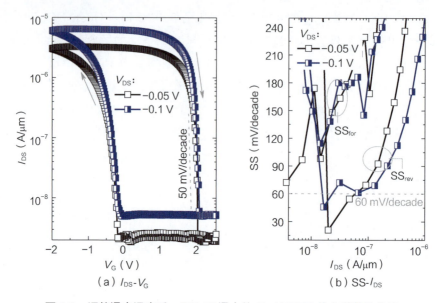

图 5.8　调整退火温度后，350 ℃ 退火的 Ge NCFET 的电学特性曲线

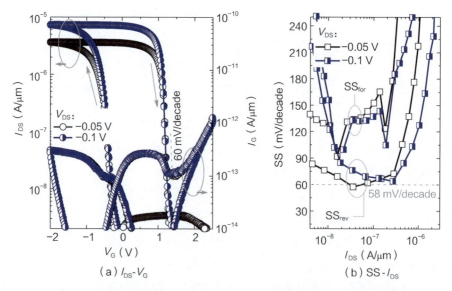

图 5.9　调整退火温度后，400 ℃ 退火的 Ge NCFET 的电学特性曲线

显然，350 ℃、400 ℃ 和 450 ℃ 退火的 Ge NCFET 同样展现出回滞窗口随退火温度上升而缩小的现象。如图 5.11 所示，在退火温度由 350 ℃ 逐步上升至 400 ℃、450 ℃ 的过程中，Ge NCFET 回滞窗口宽度中位数由 2.6 V 下降为 1.61 V、0.22 V。

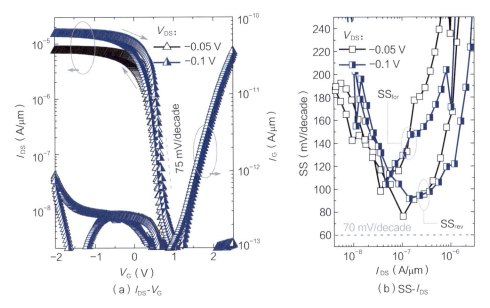

图 5.10 调整退火温度后，450 ℃ 退火的 Ge NCFET 的电学特性曲线

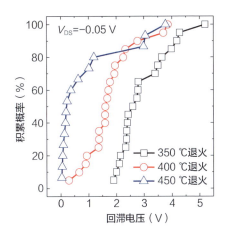

图 5.11 350 ℃、400 ℃ 和 450 ℃ 退火的 Ge NCFET 回滞窗口宽度统计分布

图 5.12 所示为 350 ℃、400 ℃、450 ℃ 退火的 Ge NCFET 及对照 MOSFET 器件的 C_G-V_G 曲线。随着退火温度上升，C_G-V_G 曲线不仅展现出与 I_{DS}-V_G 曲线相吻合的回滞窗口，且随温度升高而不断增强的电容尖峰进一步证实了 $|C_{FE,N}|$ 的上升趋势和不断优化的电容匹配关系。此外，Ge NCFET 的亚阈值特性同样随回滞窗口缩小而衰退。

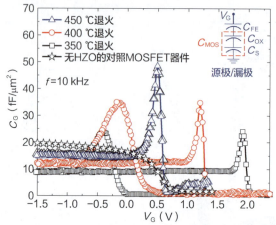

图 5.12　350 ℃、400 ℃ 和 450 ℃ 退火的 Ge NCFET 及对照 MOSFET 器件的 C_G-V_G 曲线

尽管回滞窗口消除的过程必定伴随着亚阈值特性的衰退，但是相比对照 MOSFET 器件，450 ℃ 退火的 Ge NCFET 依然呈现了明显的性能增益。图 5.13 所示为 450 ℃ 退火的 Ge NCFET 的 I_{DS}-V_G 和 SS-I_{DS} 曲线，器件 L_G 为 2 μm。如图 5.13（a）所示，当 V_{DS} = –0.05 V 时，NCFET 的 I_{DS}-V_G 曲线分别展示出宽度为 1.18 V 和 0.10 V 的回滞窗口。上述具有不同回滞特性的 NCFET 均来自同一实验样品，截然不同的回滞特性主要归因于较大的栅极面积和铁电材料的随机性结晶行为[20-21]。相较于具有较大回滞窗口的 NCFET，回滞窗口为 0.10 V 的 Ge NCFET 的亚阈值特性略有衰退，但相比对照 MOSFET 器件，二者均展现出显著的亚阈值特性的提升，如图 5.13（b）所示。

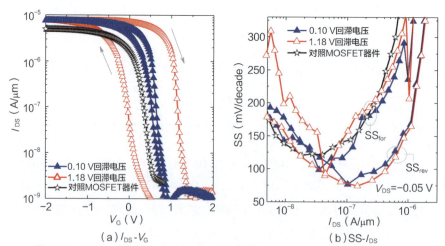

图 5.13　450 ℃ 退火的 Ge NCFET 及对照 MOSFET 器件的电学特性曲线

相较对照 MOSFET 器件，Ge NCFET 同样展现出增大的跨导和沟道电流。如图 5.14（a）所示，相比对照 MOSFET 器件，0.10 V 和 1.18 V 回滞电压下的 Ge NCFET 均展现出极大的跨导增益。其中，0.10 V 回滞电压下的 Ge NCFET 在栅极电压正、反向扫描过程中分别展现出 101% 和 140% 的峰值跨导增益。如图 5.14（b）所示，Ge NCFET 峰值跨导中位数相比对照 MOSFET 器件，在晶体管正、反扫描过程中分别提升了 94% 和 105%。得益于增大的沟道跨导，NCFET 沟道电流也显著增大。

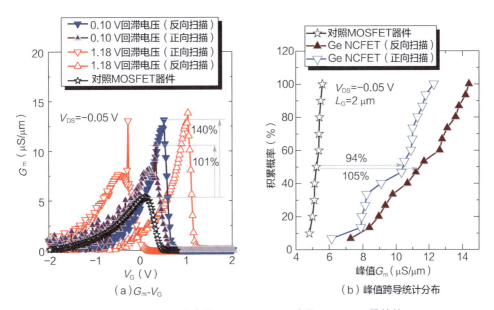

图 5.14　450 ℃ 退火的 Ge NCFET 及对照 MOSFET 器件的
G_m-V_G 曲线及峰值跨导统计分布

图 5.15 所示为 450 ℃ 退火的 Ge NCFET 及对照 MOSFET 器件的 I_{DS}-V_{DS} 曲线。当 V_G-V_{TH} = -1 V，V_{DS} = -1 V 时，1.18 V 和 0.10 V 回滞电压下的 Ge NCFET 相比对照 MOSFET 器件分别获得了 66% 和 60% 的电流增益。此外，Ge NCFET 在上述 I_{DS}-V_{DS} 曲线中也展现出了非常明显的 NDR 效应。

综上所述，通过研究不同退火温度条件下的 Ge 与 GeSn NCFET 的 I_{DS}-V_G、SS-I_{DS}、G_m-V_G、I_{DS}-V_{DS}、C_G-V_G 曲线及相关特性统计结果，明确了以下结论：第一，退火温度的上升可以使铁电材料正交相结晶畴的数目提高，进而使 P_r/E_c 和 $|C_{FE,N}|$ 显著增大。当栅极串联电容满足电容匹配条件 $|C_{FE,N}| \geqslant C_{MOS}$，回滞窗口完全消除。第二，尽管回滞特性的优化过程必然伴随着亚阈值特性的衰退，但相比对照 MOSFET 器件，NCFET 依旧可以获得增大的跨导和沟道电流。

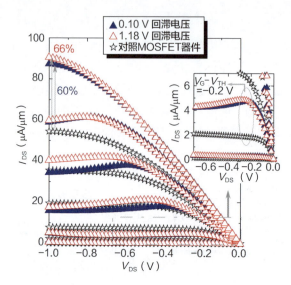

图 5.15　450 ℃ 退火的 Ge NCFET 及对照 MOSFET 器件的 I_{DS}-V_{DS} 曲线

5.2.2　A_{FE}/A_{MOS} 对 NCFET 电学性能的影响

A_{FE}/A_{MOS}（A_{MOS} 为 MOS 电容面积）对 NCFET 电学性能影响的研究将基于具有不同 A_{FE}/A_{MOS} 的 Ge NCFET 及对照 MOSFET 器件展开。器件制备工艺步骤与第 2 章类似。

为形成不同的 A_{FE}/A_{MOS}，两类 NCFET 分别采用不同的栅极图形化和栅刻蚀步骤。对于中间浮栅被铁电材料部分覆盖的 Ge NCFET（以下简称部分覆盖的 Ge NCFET），其栅极通过两步刻蚀分别形成顶栅和露出的中间浮栅。此时，A_{FE} = 5625 μm², 其与底层 MOS 电容的面积比（A_{FE}/A_{MOS}）为 0.28。而对于中间浮栅被铁电材料完全覆盖的 Ge NCFET（以下简称全覆盖的 Ge NCFET），通过单次刻蚀即可形成栅极，A_{FE}/A_{MOS} 为 1。图 5.16 为制备完成的部分覆盖和全覆盖的 Ge NCFET 的显微图。器件制备完成后，令所有器件在 450 ℃ 氮气氛围中退火，同时实现铁电材料正交相结晶、离子注入激活和源漏接触合金化。此外，部分覆盖的 Ge NCFET 中裸露的中间浮栅电极可用于监测中间浮栅电压（V_{int}）在栅极电压正、反向扫描时的变化情况。

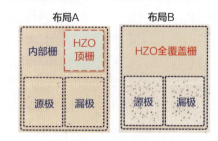

图 5.16　部分覆盖和全覆盖的 Ge NCFET 的显微图

此外，底层 MOSFET 可作为对照 MOSFET 器件进行电学性能的对比研究。

图 5.17 所示为部分覆盖的 Ge NCFET 及对照 MOSFET 器件的 I_{DS}-V_G、SS-I_{DS}、G_m-V_G 和 I_{DS}-V_{DS} 曲线，器件 L_G 为 3.5 μm。如图 5.17（a）所示，当 V_{DS} = −0.05 V 时，NCFET 的 I_{DS}-V_G 曲线展现出宽度为 2.1 V 的顺时针回滞窗口。相比于对照 MOSFET 器件，NCFET 在 V_G = −2 V 时，获得了超过 10% 的沟道电流增益。

图 5.17（b）展示了器件的 SS-I_{DS} 曲线。得益于负电容效应产生的栅极电压放大效应，NCFET 的 SS 在栅极电压正、反向扫描过程中均出现了骤降，最小 SS 分别为 82 mV/decade 和 44 mV/decade。在上述 SS 骤降出现后的全电流范围内，NCFET 的 SS 均优于对照 MOSFET 器件。图 5.17（c）所示为 G_m-V_G 曲线。在栅极电压正、反向扫描过程中，NCFET 在绝大部分电压范围内均展现出优于对照 MOSFET 器件的跨导。此外，图 5.17（d）中非对称的 I_{DS}-V_{DS} 曲线同样呈现了增大的沟道电流和增强的 NDR 效应。

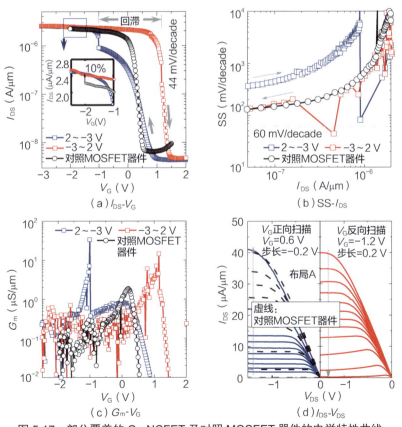

图 5.17 部分覆盖的 Ge NCFET 及对照 MOSFET 器件的电学特性曲线

图 5.18 所示为部分覆盖的 Ge NCFET 的 V_{int}-V_G 和 dV_{int}/dV_G-V_G 曲线。栅极电压正向扫描过程中，V_{int} 在突变处的电压变化率是之前的 20 倍。增大的 dV_{int}/dV_G 直接作用于沟道，从而形成了正向 SS 的骤降。此外，栅极电压反向扫描过程中，同样呈现了陡峭开关特性。此处，负电容效应所引起的电压变化率的放大是陡峭 SS 产生的根本原因，被称为"栅极电压放大效应"[22-23]。需要补充的是，通常所说的"栅极电压放大效应"包含两层含义，栅极电压变化率的放大和栅极电压数值的放大。

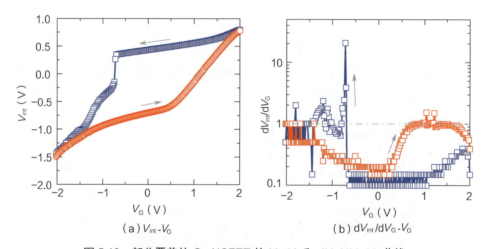

(a) V_{int}-V_G (b) dV_{int}/dV_G-V_G

图 5.18　部分覆盖的 Ge NCFET 的 V_{int}-V_G 和 dV_{int}/dV_G-V_G 曲线

图 5.19 所示为部分覆盖的 Ge NCFET 的 C_G-V_G 曲线及对照 MOSFET 器件的 C_{MOS}-V_G 曲线。其中，C_G-V_G 曲线通过直接测量获得，C_{MOS}-V_G 曲线则基于测试的 C_{MOS}-V_{int} 和 V_{int}-V_G 曲线获得。当栅极电压正向扫描时，当 V_G 为 0.24～–0.96 V 时，C_G 远大于 C_{MOS}。根据 NCFET 栅极等效电容模型可知，此时 C_{FE} 表现为负电容。当栅极电压反向扫描时，略大于 C_{MOS} 的 C_G 同样证明了 C_{FE} 为负电容。此时，与局部栅极电压变化率增益相吻合的局部电容增益进一步证明了负电容效应存在及较差的电容匹配程度。

相比部分覆盖的 Ge NCFET，全覆盖的 Ge NCFET 通过增大的 A_{FE}/A_{MOS} 优化了电容匹配程度，在完全消除器件回滞窗口的同时，依旧实现了优于对照 MOSFET 器件的电学性能。

图 5.20 所示为全覆盖的 Ge NCFET 及对照 MOSFET 器件的电学特性曲线。器件 L_G 为 3.5 μm。由于全覆盖的 Ge NCFET 并不具备裸露的中间浮栅，因此，本书采用部分覆盖的 Ge NCFET 的底层 MOSFET 作为对照 MOSFET 器件。

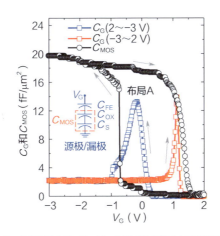

图 5.19 部分覆盖的 Ge NCFET 的 C_G-V_G 曲线及对照 MOSFET 器件的 C_{MOS}-V_G 曲线

如图 5.20(a) 所示，当 $V_{DS}=-0.05$ V 时，全覆盖的 Ge NCFET 的 I_{DS}-V_G 曲线中的回滞窗口完全消除。相比对照 MOSFET 器件，NCFET 在实现陡峭 SS 的同时，也获得了相当可观的电流增益。图 5.20(b) 和图 5.20(c) 分别是全覆盖的 Ge NCFET 及对照 MOSFET 器件的 SS-I_{DS} 曲线和 G_m-V_G 曲线。相比部分覆盖的 Ge NCFET，尽管全覆盖器件的 SS 和 G_m 略有衰退，但仍在大部分电流范围内优于对照 MOSFET 器件。图 5.20(d) 描述了全覆盖的 Ge NCFET 及对照 MOSFET 器件的 I_{DS}-V_{DS} 曲线。NCFET 在 $|V_G-V_{TH}|=1$ V 和 $V_{DS}=-1.5$ V 时获得 50.3% 的电流增益的同时，也表现出负电容特有的 NDR 效应。

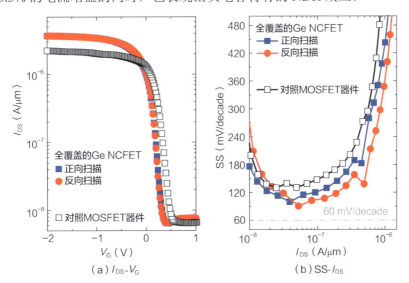

图 5.20 全覆盖的 Ge NCFET 及对照 MOSFET 器件的电学特性曲线

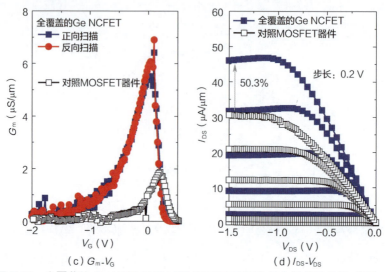

(c) G_m-V_G (d) I_{DS}-V_{DS}

图 5.20　全覆盖的 Ge NCFET 及对照 MOSFET 器件的电学特性曲线（续）

图 5.21 所示为栅极电压正、反向扫描时，全覆盖的 Ge NCFET 的 C_G-V_G 曲线。相比图 5.19 中部分覆盖的 Ge NCFET，全覆盖的 Ge NCFET 不仅消除了电容回滞特性，还表现出显著增强的电容尖峰现象。显然，A_{FE}/A_{MOS} 的改变对 NCFET 的电容匹配和性能具有直接的调控作用。当 NCFET 随 A_{FE}/A_{MOS} 的增加而满足电容匹配条件 $|C_{FE,N}| \geqslant C_{MOS}$ 时，其回滞窗口完全消除。此外，尽管通过调整 A_{FE}/A_{MOS} 来优化电容匹配程度和回滞行为的过程中同样伴随着亚阈值特性的衰退，但沟道电流显著增大。图 5.22 所示为部分覆盖和全覆盖的 Ge NCFET 的沟道电流统计结果。当 $V_G - V_{TH} = -1$ V 和 $V_{DS} = -0.05$ V 时，全覆盖的 Ge NCFET 相比于部分覆盖器件，沟道电流增大 36%。

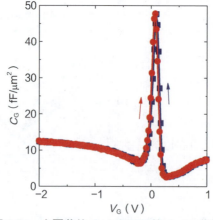

图 5.21　全覆盖的 Ge NCFET 的 C_G-V_G 曲线

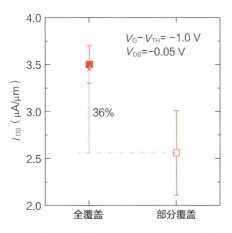

图 5.22 部分覆盖与全覆盖的 Ge NCFET 的沟道电流统计结果

综上所述，通过研究具有不同 A_{FE}/A_{MOS} 的 Ge NCFET 的 I_{DS}-V_G、SS-I_{DS}、G_m-V_G、I_{DS}-V_{DS}、C_G-V_G 曲线及其相关特性统计结果，明确了以下结论：第一，A_{FE}/A_{MOS} 的增大可以显著改善 NCFET 栅极电容匹配程度，当满足电容匹配条件 $|C_{FE,N}| \geq C_{MOS}$ 时，回滞窗口完全消除；第二，尽管回滞特性的优化过程必然伴随着亚阈值特性的衰退，但相比对照 MOSFET 器件，NCFET 依旧可以获得增大的跨导和沟道电流。

5.2.3 t_{FE} 对 NCFET 电学性能的影响

铁电材料厚度对 NCFET 性能影响的研究将基于具有不同 t_{FE} 的全覆盖的 Ge NCFET 及对照 MOSFET 器件展开。所有器件均在 450 ℃ 的氮气氛围中退火。

图 5.23 所示为 t_{FE} = 4.5 nm 的 Ge NCFET 及对照 MOSFET 器件的 I_{DS}-V_G、SS-I_{DS}、I_{DS}-V_{DS} 和 C_G-V_G 曲线，器件 L_G 为 3.5 μm。如图 5.23（a）和图 5.23（b）所示，当 V_{DS} = –0.05 V 时，NCFET 展现出的回滞窗口小于 0.1 V，且正、反向 SS 在全电流范围内优于对照 MOSFET 器件。当 V_G = –2 V 时，相比于对照 MOSFET 器件，NCFET 获得了 28% 的沟道电流增益。图 5.23（c）描述了 Ge NCFET 及对照 MOSFET 器件的 I_{DS}-V_{DS} 曲线。NCFET 在展现沟道电流增益的同时，还通过独有的 NDR 效应证实了负电容效应的存在。此外，如图 5.23（d）所示，在栅极电压正、反向扫描过程中，C_G-V_G 曲线表现出了明显的电容尖峰现象，进一步确认了负电容效应的存在。

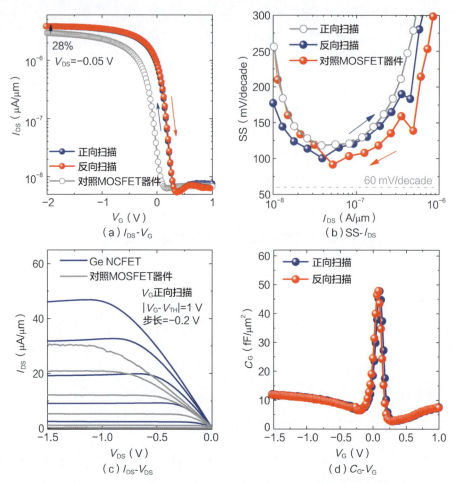

图 5.23 t_{FE} = 4.5 nm 的 Ge NCFET 及对照 MOSFET 器件的电学特性曲线

图 5.24 所示为 t_{FE} = 6.6 nm 的 Ge NCFET 及对照 MOSFET 器件的电学特性曲线。NCFET 及对照 MOSFET 器件的 L_G 均为 2 μm。如图 5.24（a）和图 5.24（b）所示，当 V_{DS} = −0.05 V 时，NCFET 同样展现出较小的回滞窗口与优于对照 MOSFET 器件的正、反向 SS。当 V_G = −2 V 时，NCFET 沟道电流较对照 MOSFET 器件增大约 51%。如图 5.24（c）所示，NCFET 不仅展现出优于对照 MOSFET 器件的沟道电流，同时还通过独有的 NDR 效应证实了负电容效应存在。此外，如图 5.24（d）所示，C_G-V_G 曲线展示的电容尖峰现象进一步证实了负电容效应的存在。

截至目前，本书先后探讨了 $T_{Annealing}$、A_{FE}/A_{MOS} 和 t_{FE} 对 NCFET 电容匹配

及其电学性能的影响。图 5.25 所示为具有不同 $T_\text{Annealing}$、A_FE/A_MOS 和 t_FE 的 Ge NCFET 的电学性能统计结果。其中，器件 L_G 均为 2 μm，V_DS=−0.05 V。结论如下：第一，$T_\text{Annealing}$、A_FE/A_MOS 和 t_FE 等参数都可以显著调节 NCFET 电容匹配程度，进而优化其相关电学性能；第二，尽管所有回滞特性的优化过程均伴随着亚阈值特性的衰退，但相比对照 MOSFET 器件，NCFET 依旧可以获得增大的跨导和沟道电流以及减小的 SS；第三，通过综合优化上述参数，当 t_FE = 6.6 nm，退火温度为 450 ℃ 时，全覆盖的 Ge NCFET 实现了回滞窗口小于 40 mV、SS 小于 60 mV/decade，且沟道电流增益超过 73.4%（相比对照 MOSFET 器件）。

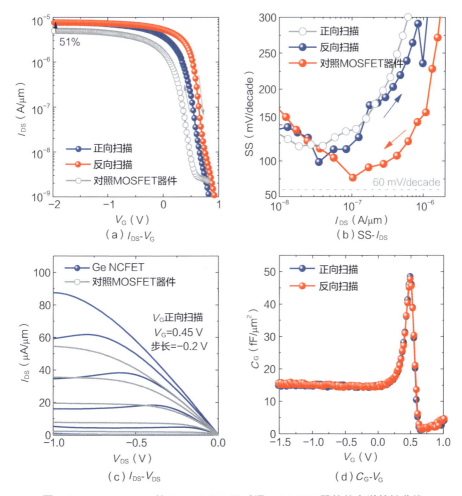

图 5.24　t_FE = 6.6 nm 的 Ge NCFET 及对照 MOSFET 器件的电学特性曲线

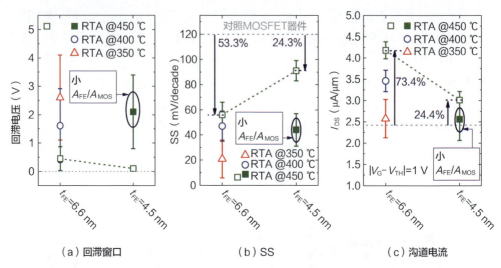

(a) 回滞窗口 (b) SS (c) 沟道电流

图 5.25　具有不同 $T_{Annealing}$、A_{FE}/A_{MOS} 和 t_{FE} 的 Ge NCFET 的电学性能统计结果

5.2.4　$V_{G, range}$ 对 NCFET 电学性能的影响

通过上述探讨，高性能 NCFET 的设计规则已基本明确。然而，$V_{G, range}$ 对 NCFET 电容匹配和电学性能的影响尚待进一步探索。

图 5.26 所示为 500 ℃ 退火的铁电材料的 P_r/E_c 随 V_{range} 变化的曲线。其中，3 个铁电材料均来自同一样品，不同的 P_r/E_c 应归因于铁电材料结晶行为的不均匀性[20-21]。不断展宽的 V_{range} 使得 P_r/E_c 显著增大，从而可以改善 NCFET 的电容匹配和电学性能。

$V_{G, range}$ 对 NCFET 性能影响的研究将基于 t_{FE} = 6.6 nm 的 GeSn NCFET 及对照 MOSFET 器件展开。器件制备工艺步骤与第 2 章类似。器件制备完成后，所有器件在 500 ℃ 氮气氛围中退火，同时实现铁电材料正交相结晶、离子注入激活和源漏接触合金化。

图 5.27 所示为 GeSn NCFET 在不同 $V_{G, range}$ 下的 I_{DS}-V_G 曲线，器件 L_G 为 2 μm。在 $V_{G, range}$ 从 4~4 V 变至

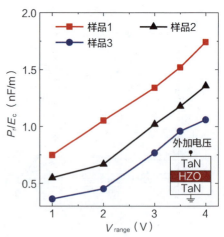

图 5.26　500 ℃ 退火的铁电材料的 P_r/E_c-V_{range}

1～–2 V 的过程中，NCFET 的回滞窗口宽度从 0.7 V 逐渐扩展至 1.5 V。

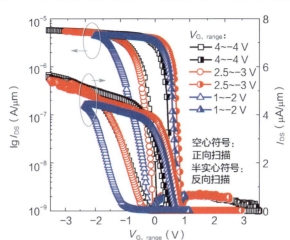

图 5.27　GeSn NCFET 在不同 $V_{G,\,range}$ 下的 I_{DS}-V_G 曲线

图 5.28 所示为无回滞的 GeSn NCFET 在不同 $V_{G,\,range}$ 下的 I_{DS}-$V_{G,\,range}$ 曲线，器件 L_G 为 1.5 μm。当 $V_{G,\,range}$ 为 2～–3 V 时，NCFET 回滞窗口小于 0.1 V。随着 $V_{G,\,range}$ 变至 1～–0.5 V，尽管 NCFET 展现出明显的回滞窗口，但其亚阈值特性显著改善，反向 SS 低至 21 mV/decade。

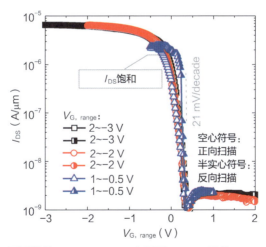

图 5.28　无回滞的 GeSn NCFET 在不同 $V_{G,\,range}$ 下的 I_{DS}-$V_{G,\,range}$ 曲线

综上所述，NCFET 在 $V_{G,\,range}$ 扫描范围变小的过程中，其回滞特性和 SS 特性分别表现出明显的衰减和改善趋势。该趋势与电容匹配程度恶化后的 NCFET 的电学性能变化趋势一致。因此，基于图 5.26 中铁电材料的 P_r/E_c-V_{range} 曲线，可以

断定，NCFET 电学性能严重依赖 $V_{G, range}$ 的原因是，NCFET 电容匹配严重依赖于 $V_{G, range}$。此外，需要补充的是，图 5.27 和图 5.28 中的 GeSn NCFET 来自同一批实验样品，截然不同的回滞特性同样归因于图 5.26 中所示的铁电材料结晶行为的不均匀性[21, 24]。

严重的 $V_{G, range}$ 依赖性使得 NCFET 的低功耗应用受到局限。因此，接下来将探讨减弱 NCFET 的 $V_{G, range}$ 依赖性的方法，明确适用于小驱动电压的高性能 NCFET 的设计规则。

图 5.29 展示了具有弱 $V_{G, range}$ 依赖性的 GeSn NCFET 及对照 MOSFET 器件的电学特性曲线，器件 L_G 为 2 μm。如图 5.29（a）所示，GeSn NCFET 的回滞窗口均小于 0.15 V。此外，GeSn NCFET 的开关特性和沟道电流大小均明显优于对照 MOSFET 器件。图 5.29（b）和图 5.29（c）分别提取了 GeSn NCFET 和对照 MOSFET 器件在不同 $V_{G, range}$ 下的 SS-I_{DS} 和 G_m-$V_{G, range}$ 曲线。当 V_{DS} = –0.05 V 时，GeSn NCFET 具有优于对照 MOSFET 器件的 SS 和 G_m。明显的 SS 骤降和跨导尖峰现象，直接证明了负电容效应存在。值得注意的是，当 $V_{G, range}$ 从 2～–2 V 变至 0.5～–0.5 V 时，GeSn NCFET 的回滞窗口、亚阈值特性、G_m、驱动电流均无明显变化。图 5.30 展示了 GeSn NCFET 及对照 MOSFET 器件的 I_{DS}-V_{DS} 曲线。3 种不同的 $V_{G, range}$、V_{DS} 扫描方式下，NCFET 均呈现明显的 NDR 效应，再次证明了 GeSn NCFET 中稳定的负电容效应的存在。

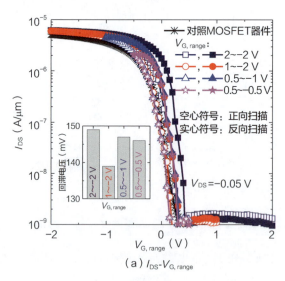

图 5.29 具有弱 $V_{G, range}$ 依赖性的 GeSn NCFET 及对照 MOSFET 器件的电学特性曲线

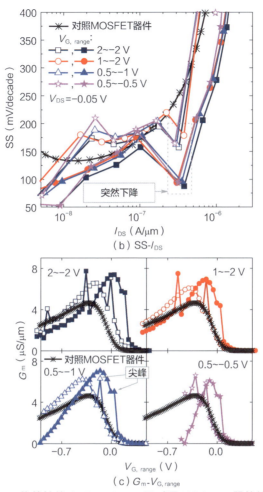

图 5.29 具有弱 $V_{G, range}$ 依赖性的 GeSn NCFET 及对照 MOSFET 器件的电学特性曲线（续）

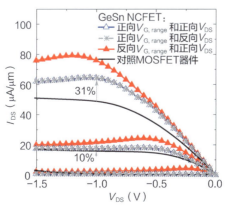

图 5.30 具有弱 $V_{G, range}$ 依赖性的 GeSn NCFET 的 I_{DS}-V_{DS} 曲线

多个器件的统计结果表明，具有弱 $V_{G,\text{range}}$ 依赖性的 NCFET 约占器件总数的 20%，与具有较弱 V_{range} 依赖性的铁电材料所占比重基本吻合。

综上所述，通过研究 $V_{G,\text{range}}$ 对 GeSn NCFET 性能的影响，得出如下结论：第一，NCFET 对 $V_{G,\text{range}}$ 的依赖性源自铁电材料的 V_{range} 依赖性；第二，由于铁电材料的 P_r 相比其 E_c 变化更明显[25-26]，所以减弱 NCFET 的 $V_{G,\text{range}}$ 依赖性的方法是提高铁电材料的 P_r，一方面降低铁电材料 P_r/E_c 对 $V_{G,\text{range}}$ 的依赖性，另一方面为电容匹配提供更大的容错空间。

5.3 电容匹配原则微观机理解析

经过数年的研究，针对 NCFET 回滞行为和性能优化的设计原则基本建立[27-29]。为进一步明确电容匹配原则的工作原理，下面将解析电容匹配原则微观机理。

铁电极子极化行为的实质是铁电材料所含铁电相的非中心对称晶格结构中心的氧原子随外部电场移动的过程。图 5.31 所示为铁电材料 HZO 铁电相的非对称晶格结构示意，黄色的是具有极化能力的中心氧原子。当铁电极子所受外部电场强度大于 E_c 时，中心氧原子上移，此时，该结构单元表现为正电荷。相反，当铁电极子所受外部电场强度小于 $-E_c$ 时，中心氧原子下移，此时，该结构单元呈现为负电荷。所以，由铁电极子组成的铁电材料在随外加电压正、反向扫描的过程中呈现离散响应状态，且局部区域电荷表现为多值函数。具体如下，当 V_{FE}（铁电电压）>+V_c（MOSFET 电容电压），铁电材料极化电荷为正；当 V_{FE}<$-V_c$，铁电材料极化电荷为负；但当 $-V_c<V_{\text{FE}}<+V_c$ 时，铁电材料极化状态与初始状态一致。因此，在栅极电压正、反向扫描过程中，在相同 V_G 条件下，完全不同的铁电材料极化状态使得 NCFET 铁电电容和底层 MOSFET 电容的分压状态也完全不同，从而导致了材料在相同 V_G 条件下呈现不同的电学状态，即所谓的"回滞"。

归根结底，NCFET 回滞行为由铁电材料和铁电极子的极化响应方式决定。当 NCFET 的铁电材料呈现离散响应模式时，相同 V_G 对应的不同的极化状态将直接导致回滞行为出现；当 NCFET 的铁电材料呈现连续响应模式时，相同 V_G 对应完全相同的极化状态，将实现无回滞。所以，实现无回滞 NCFET 的关键是找到对外加电压具有连续响应能力的铁电极子和铁电材料。

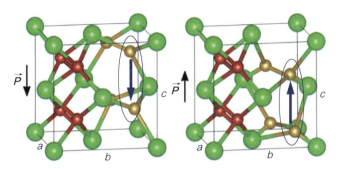

图 5.31 铁电材料 HZO 铁电相的非对称晶格结构示意[29]

2019 年，德国科学家 Hoffmann[27] 和美国科学家 Yadav[30]，分别观测到铁电材料和铁电极子连续响应外加电压的现象，如图 5.32 所示。图 5.32（a）首先展示了铁电材料的极化电荷连续响应外加电压的 S 形曲线，在证明铁电材料具有对外加电压的连续响应能力的同时，还证实了负电容效应的存在。图 5.32（b）中呈涡流状分布的铁电极子，为（a）图中铁电材料的连续响应行为提供了微观依据。存在于铁电畴交界处的涡流状铁电极子受去极化电场主导，可实现渐变的极化电荷强度，从而具备对外加电压连续响应的能力。此时，铁电极子表现为异于传统翻转模式的"不完全翻转"模式。

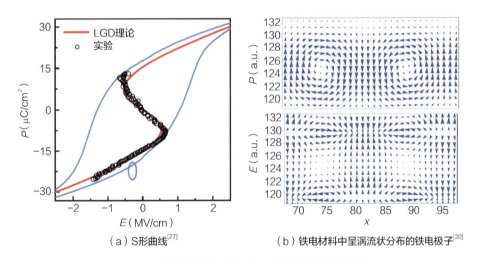

(a) S 形曲线[27]　　　　　　　(b) 铁电材料中呈涡流状分布的铁电极子[30]

图 5.32 铁电材料和铁电极子连续响应外加电压

基于上述理论和实验探索，针对 NCFET 回滞行为，5.3 节做出如下假设：有回滞和无回滞 NCFET 在微观层面的区别在于铁电材料及其所包含的铁电极子是否具有连续响应外加电压的能力。换言之，NCFET 无回滞行为的微观本质是铁电极子对外加电压的连续响应。因此，本章将通过对比研究有回滞和无回滞 NCFET 中铁电材料的极化行为，揭示 NCFET 回滞行为的微观机理。

图 5.33 所示为有回滞和无回滞 Ge NCFET（MFMIS 结构）及对照 MOSFET 器件的 I_{DS}-V_G 和 SS-I_{DS} 曲线。图 5.33（a）和图 5.33（b）中截然不同的回滞行为来源于不同的 A_{FE}/A_{MOS}，器件 L_G 分别为 3.5 μm 和 2 μm。尽管不同 L_G 同样可能导致回滞行为的差异，但相比约 20 000 μm^2 的栅极总面积，沟道长度（L_G）所导致的变化微不足道，因此此处不考虑。得益于负电容效应，当 V_{DS} = −0.05 V 时，有回滞和无回滞 NCFET 均表现出陡峭开关特性，最优 SS 均小于 60 mV/decade。

考虑到有回滞 NCFET 中裸露的中间浮栅，在测试 I_{DS}-V_G 的同时还记录了随 V_G 变化的 V_{int}。图 5.34（a）所示为有回滞 NCFET 的 V_{int}-V_G 和 dV_{int}/dV_G-V_G 曲线。在栅极电压正、反向扫描过程中，有回滞 NCFET 多次出现栅极电压放大效应，证实了负电容效应的存在。考虑到无回滞 NCFET 中完全覆盖的中间浮栅，提取了 V_{int}-V_G 和 dV_{int}/dV_G-V_G，如图 5.34（b）所示，无回滞 NCFET 在较大的电压范围内也表现出栅极电压放大效应，同样证实了负电容效应的存在。

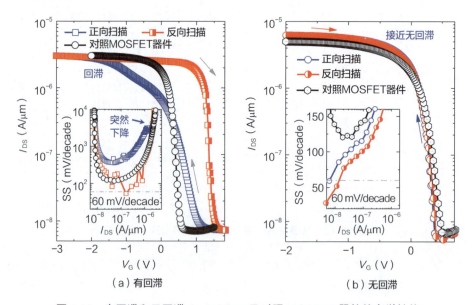

图 5.33　有回滞和无回滞 Ge NCFET 及对照 MOSFET 器件的电学性能

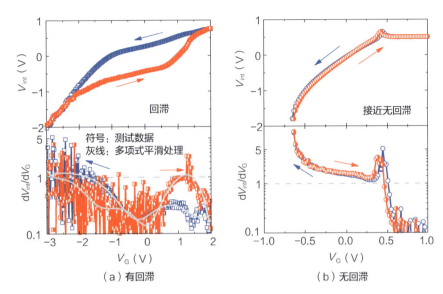

图 5.34 有回滞和无回滞 NCFET 的 V_{int}-V_G 和 dV_{int}/dV_G-V_G 曲线

基于已知的 V_{int}-V_G 曲线和对照 MOSFET 器件的 C_{MOS}-V_G 曲线,本章进一步提取了 NCFET 的 C_{MOS}-V_G 和 P-V_G 曲线,如图 5.35 所示。

图 5.35(a)和图 5.35(b)所示为有回滞和无回滞 NCFET 及对照 MOSFET 器件的 C_{MOS}-V_G 曲线。相比对照 MOSFET 器件,NCFET 展现出更陡峭的电容变化率,从而可以通过更小的电压实现晶体管的开启和关闭。图 5.35(c)所示为有回滞和无回滞 NCFET 的 P-V_G 曲线。相比无回滞 NCFET,有回滞 NCFET 的 P-V_G 曲线在栅极电压正、反向扫描过程中,在相同的 V_G 下呈现完全不同的极化状态,从而导致了回滞现象产生。

为对比研究有回滞和无回滞 NCFET 的极化行为,本书基于上述结果提取了对应的 P-V_{FE} 曲线。图 5.36 所示为有回滞和无回滞 NCFET 的 P-V_{FE} 曲线。其中,虚线为各 V_G 所对应的底层 MOSFET 的负载曲线。

对有回滞 NCFET 而言,负电容主要出现在正向扫描时的 V_G<−1.66 V 这一区域和反向扫描时的 V_G = 1.34 V 附近区域。对无回滞 NCFET 而言,负电容在正、反向扫描时的 V_G<0.5 V 这一区域内大范围出现。此外,器件各自的负电容区域与图 5.33、图 5.34 和图 5.35 所示的陡峭亚阈值特性、栅极电压放大效应和陡峭电容变化率相吻合,从而再次证实了负电容效应的存在。

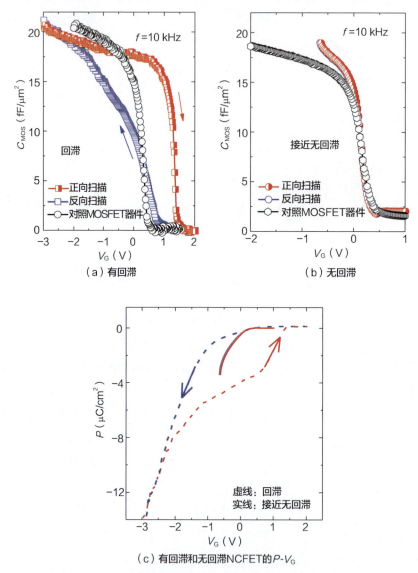

图 5.35 有回滞和无回滞 NCFET 及对照 MOSFET 器件的 C_{MOS}-V_G 曲线和 NCFET 的 P-V_G 曲线

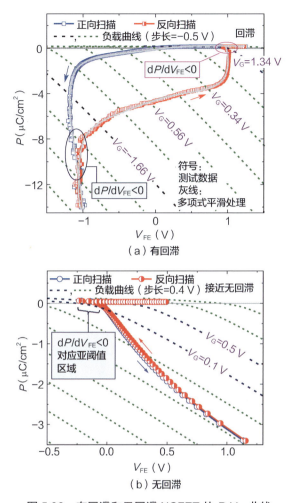

图 5.36　有回滞和无回滞 NCFET 的 P-V_{FE} 曲线

进一步分析有回滞和无回滞 NCFET 的 P-V_{FE} 曲线中所呈现的极化响应状态发现，对有回滞 NCFET 而言，在栅极电压正、反向扫描过程中，在大部分区域（V_G 为 –2～1.34 V），相同 V_G 对应不同的极化电荷和极化状态，直接导致了有回滞 NCFET 产生，此时铁电材料呈现离散响应模式。对无回滞 NCFET 而言，在栅极电压正、反向扫描过程中，在所有扫描范围内，相同 V_G 对应完全相同的极化电荷和极化状态，因而产生了无回滞行为，此时铁电材料因为恰当的电容匹配可以有效避免铁电极子的完全翻转，从而实现了铁电材料对外加电压的连续响应模式。所谓离散响应模式是指，铁电材料、铁电极子的主要响应仅表现为上、下两种状态；连续响应模式是指，铁电材料、铁电极子的主要响应为上、下两种状态之间的多状态连续渐变模式，主要依赖于呈涡流状分布的铁电极子。

综上所述，基于有回滞和无回滞 NCFET 中铁电材料的不同的极化响应方式，可以确定 NCFET 中回滞行为的微观决定因素为铁电材料及其所包含的铁电极子对外加电压的响应状态。换言之，通过良好的电容匹配来调控铁电材料的分压，可以实现铁电材料和铁电极子对外加电压的连续响应，因而可以实现无回滞 NCFET。

根据本章所述的宏观电容匹配原则，铁电负电容因为 t_{FE} 增大、A_{FE}/A_{MOS} 减小、$T_{Annealing}$ 降低或 $V_{G, range}$ 减小等因素而减小时，NCFET 因为电容失配必然产生回滞行为，减小的铁电电容使得铁电材料宏观分压骤增，从而导致了外加极化电场强度增大。随着电场强度的增大，铁电材料及铁电极子的翻转模式逐渐由"连续响应"模式过渡到"离散响应"模式，因而导致了 NCFET 中产生了回滞行为。

为进一步确认 NCFET 回滞行为的宏观设计规则和微观决定因素之间的联系，图 5.37 展示了有回滞和无回滞 NCFET 的 C_{FE}-V_{FE} 和 C_{MOS}-V_{FE} 曲线。如图 5.37（a）所示，对铁电材料呈现离散响应状态的 NCFET 而言，C_{FE} 因为电容失配，在全电压范围内呈现不稳定的振荡状态，从而导致了 NCFET 的回滞行为。相反，对于铁电材料呈现连续响应状态的 NCFET 而言，C_{FE} 在全电压范围内满足电容匹配原则，此时 NCFET 表现为无回滞。

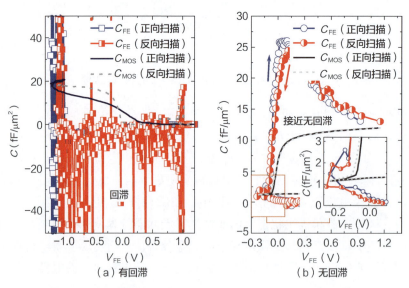

图 5.37 有回滞和无回滞 NCFET 的 C_{FE}-V_{FE} 和 C_{MOS}-V_{FE} 曲线

综上所述，基于对有回滞和无回滞 Ge NCFET 在栅极电压正、反向扫描过程中的极化行为的对比研究，明确了如下结论：第一，NCFET 回滞行为的微观决定因素为铁电材料中铁电极子的极化响应状态；第二，电容匹配程度可以有效调控 NCFET 中铁电材料和铁电极子的极化响应方式。当电容匹配良好时，恰当的电压分配使得 NCFET 中铁电材料和铁电极子的极化响应方式为"连续响应"，因而可以实现无回滞行为。

5.4 本章小结

本章基于电容匹配原则与铁电负电容数值评估公式，首先分析了 NCFET 电容匹配原则的影响因素。随后，讨论 $T_{Annealing}$、A_{FE}/A_{MOS}、t_{FE} 和 $V_{G, range}$ 等对电容匹配程度及 NCFET 电学性能的影响。最后，通过对比研究有回滞和无回滞 NCFET 中铁电材料的极化响应方式，揭示了无回滞 NCFET 电容匹配原则的微观机理。具体研究结果如下。

（1）实验探索了 $T_{Annealing}$、A_{FE}/A_{MOS} 和 t_{FE} 对 NCFET 电容匹配及其电学性能的影响。实验结果表明，增大 $T_{Annealing}$、A_{FE}/A_{MOS} 和减小 t_{FE} 均可以实现 $|C_{FE,N}|$ 的提升。因此，上述 3 种方式均可以通过调节 $|C_{FE,N}|$ 以优化 NCFET 的电容匹配程度和回滞特性，但总是伴随着 SS、G_m、电压增益和驱动电流等一系列电学性能的衰退。通过综合优化 NCFET 设计参数，当 t_{FE} = 6.6 nm、退火温度为 450 ℃时，全覆盖的 Ge NCFET 实现了回滞窗口小于 40 mV、SS 小于 60 mV/decade，沟道电流增益超过 73.4%。

（2）通过研究 $V_{G, range}$ 对 GeSn NCFET 性能的影响，首先明确了 NCFET 电学性能的 $V_{G, range}$ 依赖性的来源是铁电材料的 V_{range} 依赖性。其次，基于铁电材料的 P_r，提出 NCFET 的 $V_{G, range}$ 依赖性可通过提高铁电材料的 P_r 来减弱。

（3）针对电容匹配原则微观机理，本章通过对比研究了有回滞和无回滞 NCFET 中铁电材料的极化响应方式，明确了如下结论：良好的电容匹配可以通过调控铁电材料分压以避免铁电极子的完全翻转，从而保持铁电极子对于外加电压的连续响应模式，并实现 NCFET 的无回滞行为。

参考文献

[1] SALAHUDDIN S, DATTA S. Use of negative capacitance to provide voltage amplification for low power nanoscale devices[J]. Nano Letters, 2008, 8(2): 405-410.

[2] KHAN A, YEUNG C, HU C, et al. Ferroelectric negative capacitance MOSFET: capacitance tuning & antiferroelectric operation[C]//2011 International Electron Devices Meeting. IEEE, 2011.

[3] YEUNG C, KHAN A, SALAHUDDIN S, et al. Device design considerations for ultra-thin body non-hysteretic negative capacitance FETs[C]//2013 Third Berkeley Symposium on Energy Efficient Electronic Systems (E3S). IEEE, 2013: 1-2.

[4] LIN C-I, KHAN A, SALAHUDDIN S, et al. Effects of the variation of ferroelectric properties on negative capacitance FET characteristics[J]. IEEE Transactions on Electron Devices, 2016, 63(5): 2197-2199.

[5] KHAN A. Negative capacitance for ultra-low power computing[D]. Berkeley: University of California, 2015.

[6] ZHANG X, CHEN L, SUN Q, et al. Inductive crystallization effect of atomic-layer-deposited $Hf_{0.5}Zr_{0.5}O_2$ films for ferroelectric application[J]. Nanoscale Research Letters, 2015, 10(1): 25.

[7] KOBAYASHI M, UEYAMA N, JANG K, et al. Experimental study on polarization-limited operation speed of negative capacitance FET with ferroelectric HfO_2[C]//2016 IEEE International Electron Devices Meeting (IEDM). IEEE, 2016.

[8] SAEIDI A, JAZAERI F, BELLANDO F, et al. Negative capacitance field effect transistors; capacitance matching and non-hysteretic operation[C]//2017 47th European Solid-State Device Research Conference (ESSDERC). IEEE, 2017: 78-81.

[9] ROLLO T, WANG H, HAN G, et al. A simulation based study of NC-FETs design: off-state versus on-state perspective[C]//2018 IEEE International Electron Devices Meeting (IEDM). IEEE, 2018.

[10] JO J, CHOI W Y, PARK J D, et al. Negative capacitance in organic/ferroelectric capacitor to implement steep switching MOS devices[J]. Nano Letters, 2015, 15(7):4553-4556.

[11] GAIDHANE A D, PAHWA G, DASGUPTA A, et al. Compact modeling of surface potential, drain current and terminal charges in negative capacitance nanosheet FET including quasi-ballistic transport[J]. IEEE Journal of the Electron Devices Society, 2020(8): 1168-1176.

[12] ZHOU J, HAN G, LI Q, et al. Ferroelectric $HfZrO_x$ Ge and GeSn PMOSFETs with sub-60 mV/decade subthreshold swing, negligible hysteresis, and improved I_{DS}[C]//2016 IEEE International Electron Devices Meeting (IEDM). IEEE, 2016.

[13] ZHOU J, HAN G, PENG Y, et al. Ferroelectric negative capacitance GeSn PFETs with sub-20 mV/decade subthreshold swing[J]. IEEE Electron Device Letters, 2017, 38(8):1157-1160.

[14] ZHOU J, HAN G, LI J, et al. Comparative study of negative capacitance Ge pFETs with

HfZrO$_x$ partially and fully covering gate region[J]. IEEE Transactions on Electron Devices, 2017, 64(12): 4838-4843.

[15] ZHOU J, PENG Y, HAN G, et al. Hysteresis reduction in negative capacitance Ge PFETs enabled by modulating ferroelectric properties in HfZrO$_x$[J]. IEEE Journal of the Electron Devices Society, 2017(6): 41-48.

[16] LI J, ZHOU J, HAN G, et al. Negative capacitance Ge PFETs for performance improvement: impact of thickness of HfZrO$_x$[J]. IEEE Transactions on Electron Devices, 2018, 65(3): 1217-1222.

[17] HAN G, ZHOU J, LIU Y, et al. Experimental investigation of fundamentals of negative capacitance FETs[C]//2018 IEEE SOI-3D-Subthreshold Microelectronics Technology Unified Conference(SCS). IEEE, 2018: 1-2.

[18] ZHOU J, HAN G, XU N, et al. Incomplete dipoles flipping produced near hysteresis-free negative capacitance transistors[J]. IEEE Electron Device Letters, 2018, 40(2): 329-332.

[19] JERRY M, SMITH J, NI K, et al. Insights on the DC characterization of ferroelectric field-effect-transistors[C]//2018 76th Device Research Conference (DRC). IEEE, 2018: 1-2.

[20] SMITH S, CHATTERJEE K, SALAHUDDIN S. Multidomain phase-field modeling of negative capacitance switching transients[J]. IEEE Transactions on Electron Devices, 2017, 65(1): 295-298.

[21] ZUBKO P, WOJDEL J C, HADJIMICHAEL M, et al. Negative capacitance in multidomain ferroelectric superlattices[J]. Nature, 2016, 534(7608): 524-528.

[22] RUSU A, SALVATORE G, JIMÉNEZ D, et al. Metal-ferroelectric-metal-oxide-semiconductor field effect transistor with sub-60 mV/decade subthreshold swing and internal voltage amplification[C]//2010 International Electron Devices Meeting (IEDM). IEEE, 2010.

[23] OBRADOVIC B, RAKSHIT T, HATCHER R, et al. Ferroelectric switching delay as cause of negative capacitance and the implications to NCFETs[C]//2018 IEEE Symposium on VLSI Technology. IEEE, 2018: 51-52.

[24] SMITH S, CHATTERJEE K, SALAHUDDIN S. Multidomain phase-field modeling of negative capacitance switching transients[J]. IEEE Transactions on Electron Devices, 2017, 65(1): 295-298.

[25] KOBAYASHI M, UEYAMA N, JANG K, et al. Experimental study on polarization-limited operation speed of negative capacitance FET with ferroelectric HfO$_2$[C]// 2016 IEEE Electron Devices Meeting (IEDM). IEEE, 2016.

[26] PARK M, KIM H, KIM Y, et al. Effect of forming gas annealing on the ferroelectric properties

of $Hf_{0.5}Zr_{0.5}O_2$ thin films with and without Pt electrodes[J]. Applied Physics Letters, 2013, 102(11): 112914.

[27] HOFFMANN M, FENGLER F, HERZIG M, et al. Unveiling the double-well energy landscape in a ferroelectric layer[J]. Nature, 2019, 565 (7740): 464-467.

[28] YEUNG C. Steep on/off transistors for future low power electronics[D]. Berkeley: University of California, 2014.

[29] MATERLIK R, KÜNNETH C, KERSCH A. The origin of ferroelectricity in $Hf_{1-x}Zr_xO_2$: a computational investigation and a surface energy model[J]. Journal of Applied Physics, 2015, 117(13): 134109.

[30] YADAV A, NGUYEN K, HONG Z, et al. Spatially resolved steady-state negative capacitance[J]. Nature, 2019, 565(7740): 468-471.

第6章 铁电负电容场效应晶体管的NDR效应

NCFET得益于氧化铪基铁电材料的硅基CMOS工艺兼容性及负电容行为,被视为后摩尔时代最具潜力的新型低功耗器件结构之一[1]。为进一步推动NCFET实用化,西安电子科技大学韩根全教授团队实验制备了基于HfZrO$_x$铁电薄膜的Ge沟道NCFET与GeSn沟道NCFET,系统地表征了器件的转移特性、输出特性及电容特性等基本电学特性[2]。研究发现,NCFET不仅具有极陡峭亚阈值特性,还呈现异于传统器件的NDR效应。

所谓NDR,即器件沟道的微分电阻为负,通常表现为,沟道电流随漏极电压呈现负增长[2],如图6.1所示。随后,加利福尼亚大学伯克利分校[3]、新加坡国立大学[4]、宾夕法尼亚州立大学[5-6]、韩国科学技术院[7]和印度理工学院[8-9]等众多知名大学和研究机构开始针对这一现象展开深入研究,目的在于剖析NDR效应产生机理及其调控机制,并探索这一独特现象对器件及相关应用的影响。本章将论述NDR效应的产生机理、调控机制及其相关应用。

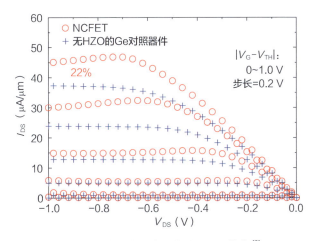

图6.1 输出特性曲线中的NDR效应[2]

6.1 NDR 效应产生机理

NDR 效应作为 NCFET 所具有的不同于传统器件的典型效应，被视为 NCFET 的判定标志之一 [10-15]。同时，NDR 效应在相关电学特性应用中所呈现的连锁反应受到了众多知名研究机构的持续关注。

图 6.2 所示为 NCFET 反相器所呈现的 NDR 效应及其产生的电路级逻辑回滞示意。相比传统场效应晶体管反相器，具有 NDR 效应的 NCFET 反相器在输入电压（V_{in}）正、反向扫描过程中，相同的 V_{in} 可以对应产生完全不同的工作点，从而诱导产生电路级回滞窗口和逻辑混乱 [9]。图 6.3 所示为普渡大学 Peide D.Ye 教授团队实验制备的 NCFET 的相关电学特性 [16]。相比传统场效应晶体管，NCFET 呈现随漏极电压增大而抬升的沟道势垒，即漏致势垒上升（Drain Induced Barrier Rising，DIBR）效应，因而具备抑制 DIBL 等短沟道效应的能力。

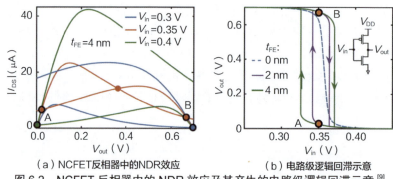

（a）NCFET反相器中的NDR效应　　（b）电路级逻辑回滞示意

图 6.2　NCFET 反相器中的 NDR 效应及其产生的电路级逻辑回滞示意 [9]

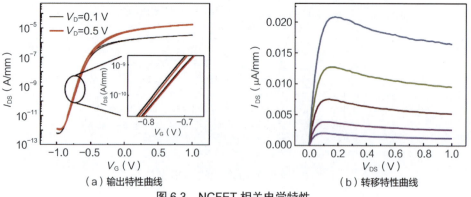

（a）输出特性曲线　　（b）转移特性曲线

图 6.3　NCFET 相关电学特性

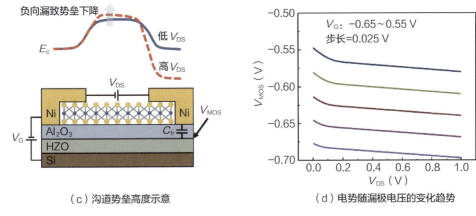

（c）沟道势垒高度示意　　　　　　（d）电势随漏极电压的变化趋势

图 6.3　NCFET 相关电学特性（续）

综上所述，NCFET 的 NDR 效应，一方面存在引入逻辑混乱的隐患[9]，另一方面还具备抑制晶体管短沟道效应的能力[16]。因此，研究 NDR 效应的产生机理成了亟待探索的关键科学问题。下面将基于宾夕法尼亚州立大学[5]、印度理工学院[9]及西安电子科技大学的研究成果逐步剖析 NDR 效应的产生机理[17]。

图 6.4 所示为 NCFET 等效电容模型，由栅漏交叠电容引起的栅漏耦合效应使得器件中间的浮栅电压（V_{int}）不仅受 V_G 调控，同时还是 V_{DS} 的函数，具体如下[5]：

$$dV_{int} = \frac{C_{FE}}{C_{FE}+C_{MOS}} \cdot dV_G + \frac{C_{GD}}{C_{FE}+C_{MOS}} \cdot dV_{DS} \quad (6\text{-}1)$$

$$\eta_G = \frac{C_{FE}}{C_{FE}+C_{MOS}}, \quad \eta_D = \frac{C_{GD}}{C_{FE}+C_{MOS}} \quad (6\text{-}2)$$

其中，C_{FE} 为铁电电容。为区别正、负铁电电容，正、负铁电电容分别用 $C_{FE,P}$、$C_{FE,N}$ 表示。C_{MOS}、C_{GD}、C_{GS}、C_{Sub} 分别是大于零的底层金属氧化物半导体电容、栅漏交叠电容、栅源交叠电容以及衬底半导体电容。η_G 和 η_D 分别定义为 V_{int} 的栅极控制系数和漏极控制系数。当 C_{FE} 和 η_D 均为负值时，V_{int} 与 V_{DS} 呈负相关关系，即产生了 NDR 效应。值得注意的是，尽管此处 V_{int} 表示中间浮栅电压，但同样适用于无中间浮栅的 NCFET。对无中间浮栅的 NCFET 而言，V_{int} 代表铁电材料与绝缘介质材料界面处的电压，

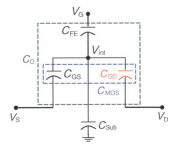

图 6.4　NCFET 等效电容模型

此时，基于栅漏耦合效应，V_{DS} 同样可以影响 V_{int}，但其主要作用于漏极一侧。

NDR 效应产生机理详述如下。当 $C_{FE}>0$ 时，η_G 和 η_D 均大于 0，此时，NCFET 沟道电荷浓度与 V_{DS} 呈正相关。因此，若 $\partial I_{DS}/\partial V_{DS} >0$，$I_{DS}$-$V_{DS}$ 曲线与传统场效应晶体管类似，无 NDR 效应。当 $C_{FE}<0$、$\eta_G>0$ 但 $\eta_D<0$，且 V_{DS} 基于栅漏耦合效应作用于沟道表面电势时，沟道电荷浓度与 V_{DS} 呈负相关，即 $\partial I_{DS}/\partial V_{DS} < 0$，$I_{DS}$-$V_{DS}$ 曲线表现出异于传统器件的 NDR 效应。因此，仅出现在 $C_{FE}<0$ 区域的 NDR 效应被视为负电容效应的典型特征之一。

此外，需要注意的是，无论是无回滞还是有回滞 NCFET，I_{DS}-V_{DS} 曲线中均可能出现 NDR 效应。如式（6-1）所示，漏极控制系数为负是 NDR 效应的必要条件之一。对无回滞 NCFET 而言，恒大于 C_{MOS} 的 $|C_{FE,N}|$ 使得漏极控制系数必定为负，因此具备产生 NDR 效应的可能。对有回滞 NCFET 而言，理论研究表明其 $|C_{FE,N}|$ 小于 C_{MOS}，从而无法实现小于零的漏极控制系数。然而，事实并非如此，图 6.5[18] 所示为有回滞 NCFET 铁电层极化强度随铁电层电压的变化趋势，当器件中铁电负电容理论值（指绝对值）小于 C_{MOS} 时，铁电负电容由于不稳定，将通过较大的负电容分段释放，最终在各

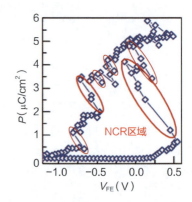

图 6.5 有回滞 NCFET 铁电层极化强度随铁电层电压变化趋势[18]

个局部区域形成大于 C_{MOS} 的铁电负电容实际值以及正的栅极总电容，从而具备产生 NDR 效应的可能。此处，负电容理论值和实际值分别定义为铁电薄膜在当前电压扫描范围及结晶状态下理想的负电容数值和实际的负电容数值。

6.1 节基于 NCFET 等效电容模型深入讨论了 NDR 效应的产生机理。研究表明：对场效应晶体管结构而言，沟道表面电势受栅极电压和漏极电压共同调控，作用结构分别为栅极绝缘层电容（控制系数：η_G）和栅漏寄生电容（控制系数：η_D），当 NCFET 的电容呈现负值且足以抵消栅极电压的正向调控作用时，便会产生 NDR 效应。具体结论如下：第一，NDR 效应产生的根本原因是漏极电压基于栅漏寄生电容对于沟道电势的调控作用；第二，NDR 效应适用于所有表现出负电容效应的场效应晶体管，包括回滞型和无回滞型器件，因此被视为 NCFET 的判定标志之一。

6.2 NDR 效应调控机制

对于 NCFET 具有的 NDR 效应：一方面，其诱导的 DIBR 效应可以使 NCFET 获得抑制短沟道效应的能力；另一方面，其异于传统器件的输出特性又极有可能引发器件电学性能的畸变。明确 NDR 效应的调控机制成为亟待探索的问题。6.2 节将基于印度理工学院和西安电子科技大学韩根全教授团队的研究成果，讨论 NDR 效应的调控机制。

6.2.1 理论研究

2016 年，印度理工学院 Chauhan 教授首先基于紧凑模型展开了针对 NDR 效应的调控机制的研究。图 6.6 所示为 NCFET 紧凑模型所用到的器件结构示意及其电容等效电路。插入的浮栅电极可在氧化物介电层和铁电层之间形成均一电势，更易于捕捉底层场效应晶体管电势的变化趋势。

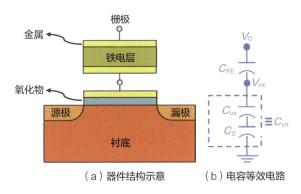

（a）器件结构示意　　（b）电容等效电路

图 6.6　NCFET 紧凑模型

如第 3 章所述，NCFET 的栅极电压增益和稳定性直接依赖于铁电负电容与串联正电容的电容匹配程度[18]。该工作基于电容匹配原则首先明确了无回滞 NCFET 的设计参数。图 6.7 所示为铁电薄膜厚度（t_{FE}）为 330 nm 和 363 nm 的 NCFET 的电荷电容曲线（实线为紧凑模型计算结果，符号为 TCAD 计算结果）。针对铁电薄膜厚度为 363 nm 的 NCFET，当 V_{DS}=50 mV，电荷 - 电容响应在电压正反扫描过程中呈现不同的负载工作点（A、B），因此表现出回滞窗口。当铁电薄膜厚度减小到 330 nm 时，此时的铁电负电容逼近串联正电容，所以保障了器件的无回滞特性并且还实现了极好的电容匹配。

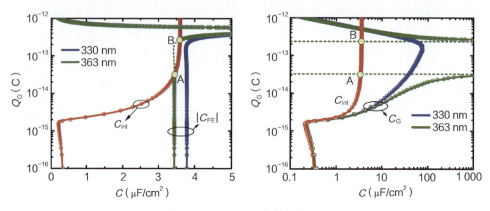

图 6.7 NCFET 的电荷电容曲线

图 6.8 进一步基于不同铁电薄膜厚度的 NCFET 的电学特性阐明了电容匹配程度对 NCFET 回滞特性的调控作用（实线为紧凑模型计算结果，符号为 TCAD 计算结果）。如图 6.8（a）～图 6.8（c）所示，当铁电薄膜厚度由 0 逐渐上升至 330 nm 的过程中，NCFET 的栅极电压增益使其沟道电流增大、亚阈值特性增强。随着铁电薄膜厚度进一步增大至 363 nm，因为 NCFET 铁电负电容与串联正电容的失配，电学特性曲线呈现逐步展宽的回滞特性。图 6.8（d）汇总了 NCFET 开态电流和回滞特性随铁电薄膜厚度的变化趋势。当铁电薄膜厚度小于 345 nm 时，NCFET 的电容匹配程度随铁电薄膜厚度增加而不断优化，实现了增大的开态电流；当铁电薄膜厚度大于 345 nm 时，NCFET 处于电容失配状态，尽管获得了增大的开态电流但总是伴随回滞特性。图 6.8（e）和图 6.8（f）所示的栅极电压增益 AV 及中间浮栅电压 V_{int} 随栅极电压的变化趋势再次明确了负电容效应对于器件电学性能有增强作用。

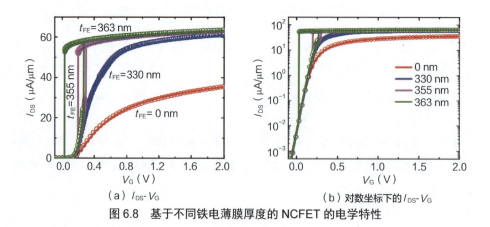

（a）I_{DS}-V_G　　　　　（b）对数坐标下的 I_{DS}-V_G

图 6.8　基于不同铁电薄膜厚度的 NCFET 的电学特性

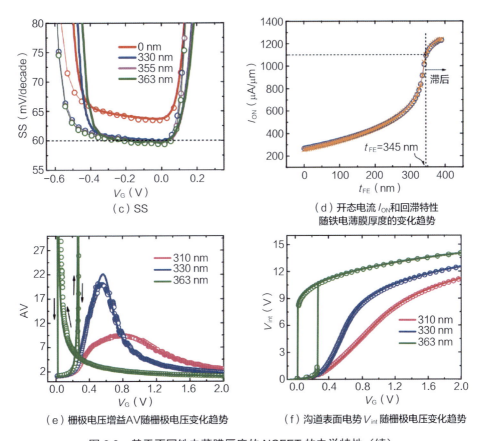

图 6.8 基于不同铁电薄膜厚度的 NCFET 的电学特性（续）

针对 NDR 效应的调控机制，本书深入讨论了器件微分电阻随栅极电压和漏极电压的变化趋势，并基于电容等效电路进行了机理剖析。图 6.9（a）～图 6.9（c）所示为铁电薄膜厚度为 330 nm 的无回滞 NCFET 的电学特性曲线。对无回滞 NCFET（铁电薄膜厚度为 330 nm）而言，输出特性曲线在较大的栅极电压变化范围内展现出 NDR 效应，如图 6.9（a）和图 6.9（b）所示。

图 6.9（c）提取了 NCFET 的 V_{int} 随 V_{DS} 的变化趋势。如图 6.9（c）中的插图所示，NCFET 的 MOS 电容可以拆分为栅漏寄生电容、栅源寄生电容及栅极衬底寄生电容[19]。换言之，V_{int} 受栅极电压和漏极电压共同调制。对应于恒定的栅极电压，当铁电电容呈现为负电容时，漏极电压针对 V_{int} 表现为负向调制，此时器件则呈现出 V_{int} 随漏极电压上升而减小的趋势，从而导致了 NDR 效应的产生[8]。

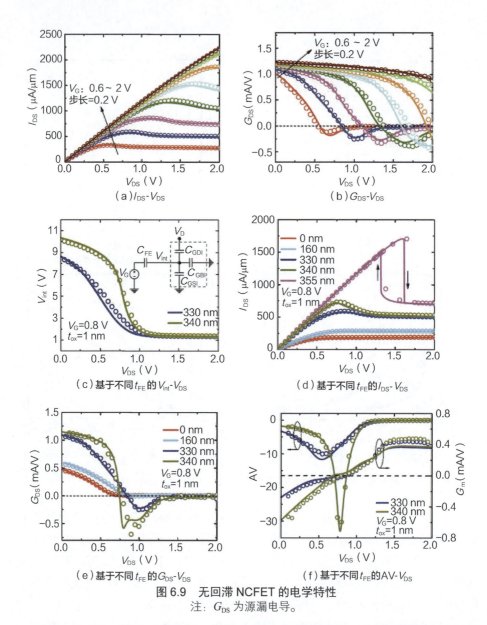

图 6.9 无回滞 NCFET 的电学特性
注：G_{DS} 为源漏电导。

图 6.9(d)～图 6.9(f) 进一步基于铁电薄膜厚度（t_{FE}）变化解析了器件 NDR 效应的调控机制。当铁电薄膜厚度小于 345 nm 时，NCFET 随铁电薄膜厚度的增加实现更强的 NDR 效应。原因在于，增大的铁电薄膜厚度可以促使 NCFET 获得更优的电容匹配程度，从而使漏极电压对于 V_{int} 的控制能力增强[9]。当铁电薄膜厚度进一步增加时，NCFET 则进入电容失配状态[20]。此时，在漏极电压正、反向扫描过程中，器件处于完全不同的极化工作状态，因而呈现出回滞

行为,但仍然具有 NDR 效应。

6.2.1 节基于印度理工学院的理论研究,初步明确 NDR 效应可基于 NCFET 的铁电负电容和串联正电容的电容匹配程度进行调控。

6.2.2 实验研究

理论研究表明:NDR 效应产生的根本原因是漏极电压基于栅漏寄生电容产生的耦合[8]。当铁电薄膜呈现为负电容状态时,漏极电压对 NCFET 沟道表面电势表现为负向调制,从而呈现 NDR 效应。与此同时,需要明确的是漏极电压的负向调制作用可基于电容匹配程度进行调控。下面将基于西安电子科技大学韩根全教授团队的实验成果,深入探索 NDR 效应的调控机制。

1. NDR 效应影响因素

NDR 效应的本质是,通过栅漏耦合效应实现了 NCFET 的沟道电流随漏极电压呈负增长,即 $\partial I_{DS}/\partial V_{DS} < 0$。沟道电流的影响因素 Q_{inv} 和 E_{DS} 均为漏极电压的函数,因此,沟道电流与漏极电压的关系如式(6-3)式(6-4)所示:

$$\frac{\partial I_{DS}}{\partial V_{DS}} = \frac{\partial I_{DS}}{\partial Q_{inv}} \cdot \frac{dQ_{inv}}{dV_{int}} \cdot \frac{dV_{int}}{dV_{DS}} + \frac{\partial I_{DS}}{\partial E_{DS}} \cdot \frac{dE_{DS}}{dV_{DS}} \quad (6\text{-}3)$$

$$\frac{\partial I_{DS}}{\partial V_{DS}} = C_1 \cdot \frac{C_{GD}}{-\left|C_{FE,N}\right| + C_{MOS}} + C_2 \cdot \frac{1}{L_G} \quad (6\text{-}4)$$

其中,C_1、C_2 均为大于零的常数,L_G 为器件沟道长度,Q_{inv} 为反型电荷量,E_{DS} 为源漏电场强度。由于器件沟道长度和栅漏交叠电容大小通常取决于制备工艺技术节点,因此,该工作着重研究栅极电容匹配程度对 NDR 效应的影响。如第 5 章所述,栅极电容匹配程度影响因素众多,但对器件性能的影响基本相似。所以,6.2.2 节仅通过调整铁电薄膜厚度研究栅极电容匹配程度对 NDR 效应的影响。

2. 无回滞 NCEFT

栅极电容匹配程度对 NDR 效应的影响,将基于不同铁电薄膜厚度的 Ge 沟道 NCEFT 进行探索。此外,基于完全相同的工艺,还制备了无 HZO 的铁电薄膜淀积和 TaN 顶栅淀积的对照 MOSFET 器件。6.2.2 节选取的 NCFET 的 HZO 薄膜厚度分别为 6.6 nm、4.5 nm 和 3.7 nm,晶体管制备工艺步骤与第 3 章类似。图 6.10(a)和图 6.10(b)所示为制备完成的 Ge 沟道 NCFET 的横截面示意和 SEM 俯视图。图 6.10(c)和图 6.10(d)所示为同一器件栅极结构的 TEM 图。图 6.10(e)~图 6.10(g)分别展示了薄膜厚度分别为 6.6 nm、4.5 nm 和 3.7 nm 的 HZO 栅极结构。为表征薄膜铁电性及介电性,测试了具有不同厚度的铁电薄膜的 P-E 曲线及 3.7 nm 铁电薄膜的 $I_{leakage}$-E 曲线，结果如图 6.10(h) 所示。

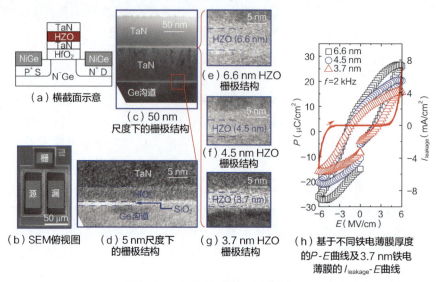

图 6.10　Ge 沟道 NCFET 测试结果

图 6.11 所示为铁电薄膜厚度分别为 6.6 nm、4.5 nm 和 3.7 nm 的无回滞 NCFET 的电学特性曲线。所有器件的 L_G 均为 3.5 μm。当 V_{DS} = -0.05 V 时，所有器件的 I_{DS}-V_G 曲线均呈现窗口大小几乎为零的顺时针回滞窗口，不仅证明了负电容效应的存在，同时还明确了栅极电容良好的电容匹配关系。图 6.11(b) 所示为具有不同 t_{FE} 的 NCFET 的 I_{DS}-V_{DS} 曲线，均呈现 NDR 现象。图 6.11(c) 提取了 I_{DS}-V_{DS} 曲线的微分电导率，发现随着 t_{FE} 和 V_G 增大，NDR 效应呈现出明显增强的趋势。

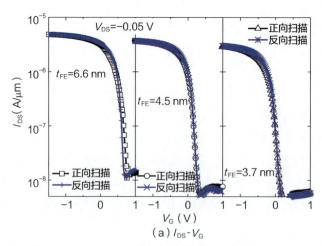

图 6.11　t_{FE} 为 6.6 nm、4.5 nm 和 3.7 nm 的无回滞 NCFET 的电学特性曲线

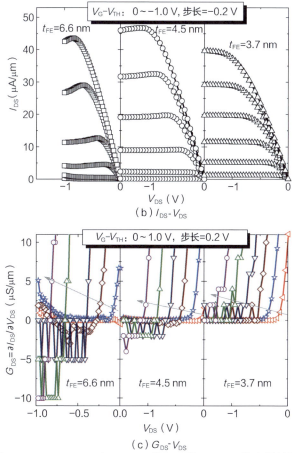

图 6.11 t_{FE} 为 6.6 nm、4.5 nm 和 3.7 nm 的无回滞 NCFET 的电学特性曲线（续）

图 6.12 所示为图 6.11 中器件的最小漏电导率随 V_G-V_{TH} 和 t_{FE} 的变化趋势。统计结果显示，当 t_{FE} 为 6.6 nm、4.5 nm 和 3.7 nm 时，NCFET 分别展现出 −10 μS/μm、−4 μS/μm 和 0 μS/μm 的最小漏电导率，且 NDR 效应随 $|V_G$-$V_{TH}|$ 的增大而增强，随 t_{FE} 的减小而减弱。

理论研究表明，产生上述现象的主要原因是随 $|V_G$-$V_{TH}|$ 和 t_{FE} 变化而持续变化的电容匹配程度。$|C_{FE,N}|$ 越接近 C_{MOS}，电容匹配程度越高，η_D 越大，NDR 效应越明显。对厚度固定的单个无回滞 NCFET 而言，由于 $|C_{FE,N}|$ 恒大于 C_{MOS}，所以随着 $|V_G$-$V_{TH}|$ 的增大而不断增大的 C_{MOS} 使得 $||C_{FE,N}|$-$C_{MOS}|$ 持续减小，从而可以不断优化器件的栅极电容匹配程度，并实现了 NDR 效应的显著增强。另外，对具有不同 t_{FE} 的无回滞 NCFET 而言，由于 $|C_{FE,N}|$ 恒大于 C_{MOS}，随 t_{FE} 的减小而不断增大的 $|C_{FE,N}|$ 使得 $||C_{FE,N}|$-$C_{MOS}|$ 持续增大，从而使

得栅极电容匹配程度持续恶化,因而 NDR 效应逐步减弱。

图 6.13 所示为上述器件及对照 MOSFET 器件的 C_G-V_G 曲线。首先,相比对照 MOSFET 器件,NCFET 的 C_G-V_G 曲线中的电容尖峰现象首先证实了负电容效应存在。其次,随 t_{FE} 减小而持续减弱的电容尖峰强度还证明了器件中不断恶化的电容匹配程度。此外,图 6.13 还展示了随 $|V_G|$ 增大而持续增大的 C_{MOS} 以及随频率增加而减弱的电容尖峰。

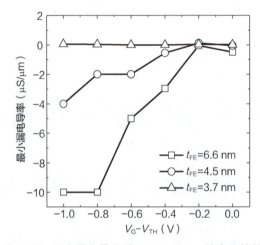

图 6.12 最小漏电导率随 V_G-V_{TH} 和 t_{FE} 的变化趋势

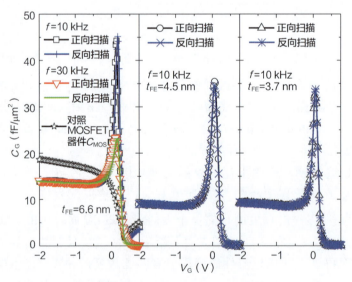

图 6.13 t_{FE} 为 6.6 nm、4.5 nm 和 3.7 nm 的无回滞 NCFET 及对照 MOSFET 器件的 C_G-V_G 曲线

综上所述，通过调整 HZO 薄膜厚度研究了电容匹配程度对 NDR 效应的影响。通过提取薄膜厚度为 6.6 nm、4.5 nm 和 3.7 nm 的 NCFET 的 I_{DS}-V_{DS} 曲线中的最小漏电导率随 V_G-V_{TH} 和 t_{FE} 的变化趋势，证实了电容匹配程度与 NDR 效应的正相关关系，与相关理论预测一致。

3. 有回滞 NCFET

为检验"电容匹配程度与 NDR 效应呈正相关关系"这一结论的普适性，基于具有 NDR 效应的有回滞 NCFET 研究了 NDR 效应随电容匹配程度的变化趋势。此处，电容匹配程度的调控主要通过正、反向扫描 V_G 实现。此外，有回滞 NCFET 的铁电薄膜厚度为 6.6 nm，产生回滞窗口的主要影响因素是 HZO 薄膜结晶的随机性。

图 6.14（a）展示了薄膜厚度为 6.6 nm 的有回滞 NCFET 的 I_{DS}-V_G 曲线。图 6.14（b）所示为 C_G-V_G 曲线。电容尖峰现象不仅证明了负电容效应的存在，还展示了与 I_{DS}-V_G 曲线相一致的回滞特性。图 6.14（c）中随栅极电压正、反向扫描的 I_{DS}-V_{DS} 曲线同样展现出与 I_{DS}-V_G 曲线一致的非对称性以及明显的 NDR 效应。图 6.14（d）提取了图 6.14（c）的 I_{DS}-V_{DS} 曲线中不同栅极电压对应的 G_{DS}（源漏电导），在栅极电压正、反向扫描过程中，NDR 效应随 V_G 负向移动呈现先增强后减弱的趋势。图 6.14（e）提取了 I_{DS}-V_{DS} 曲线中的最小 G_{DS} 随 V_G 的变化趋势，统计结果同样展示出 NDR 效应随 V_G 负向移动呈现先增强后减弱的趋势。

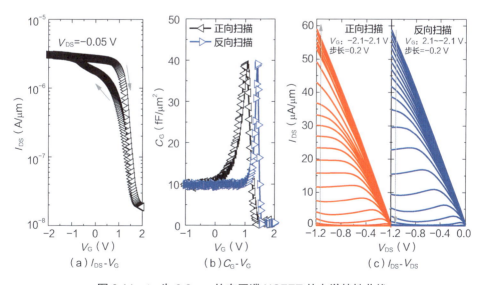

图 6.14 t_{FE} 为 6.6 nm 的有回滞 NCFET 的电学特性曲线

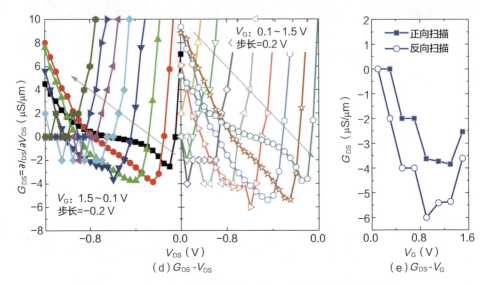

图 6.14 t_{FE} 为 6.6 nm 的有回滞 NCFET 的电学特性曲线（续）

对有回滞 NCFET 而言，NDR 效应随 V_G 负向移动呈现先增强后减弱的趋势同样遵从了电容匹配原则。在 V_G 负向移动初期，C_{MOS} 极小，随着半导体耗尽层电容逐渐消失，C_{MOS} 逐渐增大且不断逼近 $|C_{FE,N}|$，从而获得了持续减小的 $||C_{FE,N}|-C_{MOS}|$ 和增强的 NDR 效应。当 V_G 负向移动使得 C_{MOS} 继续增大并无穷逼近 $|C_{FE,N}|$ 时，$||C_{FE,N}|-C_{MOS}|$ 趋近于零，此时 NDR 效应达到最强。随后，持续增大的 C_{MOS} 超过 $|C_{FE,N}|$ 并逐步远离，此时的 $||C_{FE,N}|-C_{MOS}|$ 持续增大且 NDR 效应不断减弱。因此，有回滞 NCFET 在栅极电压正、反向扫描过程中，NDR 效应随 V_G 负向移动呈现出先增强后减弱的趋势，同样遵从电容匹配原则。

综上所述，基于印度理工学院 Chauhan 教授和西安电子科技大学韩根全教授团队针对 NDR 效应的研究，从理论和实验两个层面解析了 NDR 效应的调控机制。研究表明：NCFET 的 NDR 效应与电容匹配程度直接相关，且适用于所有的有回滞和无回滞 NCFET，具体调控手段包括但不限于控制栅漏交叠电容、沟道长度和铁电薄膜厚度等电容匹配参数。

6.3 NDR 效应相关应用

针对 NDR 效应的研究发展至今，已跨越了"现象原理解析"和"调控机制探索"两个阶段。基于 NDR 效应独特的工作特性,研究者开始探索 NDR 效应的相关应用。下面将重点论述 NDR 效应在短沟道效应抑制和高增益跨导放大器方面的应用。

6.3.1 短沟道效应抑制

对传统 MOSFET 而言,沟道势垒高度受漏极耗尽区的扩展调制,通常呈现随漏极电压增大而下降的现象,即 DIBL 效应[21],如图 6.15 所示。该现象将直接导致晶体管阈值电压的漂移,从而导致晶体管及其组成电路的性能退化。与之相反,NCFET 基于 NDR 效应,沟道势垒高度通常随漏极电压的增大而上升,因此呈现为逆向 DIBL 效应,即 DIBR 效应,如图 6.15 所示[16]。综上所述,NCFET 基于 NDR 效应所呈现的 DIBR 现象可以完全抵消短沟道效应引起的阈值电压漂移,从而获得不受漏极电压控制的恒定沟道势垒高度和阈值电压,如图 6.15 所示。

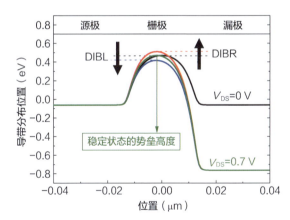

图 6.15 晶体管中 DIBL 效应(蓝色曲线)、DIBR 效应(红色曲线)及平衡结果(绿色曲线)

2018 年,加利福尼亚大学伯克利分校 Salahuddin 教授团队基于后栅工艺实验制备了三维鳍式负电容场效应晶体管(NC-FinFET)[22]。器件制备关键工艺流程包括有源区定义、源漏离子注入/激活、鳍结构形成、栅极结构堆叠/刻蚀以及源漏欧姆接触的形成等步骤。其中,栅极结构自下而上分别是 1.5 nm HfO_2 薄膜、0.8 nm Al_2O_3 薄膜和 4 nm $HfZrO_x$ 铁电薄膜,如图 6.16(b)所示。图 6.16(a)和图 6.16(c)分别为器件三维结构示意及 SEM 俯视图。器件沟道长度为 30 ~ 450 nm,鳍结构宽度为 30 ~ 150 nm。

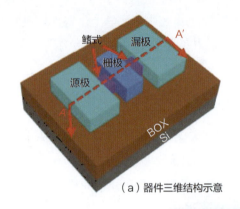

（a）器件三维结构示意

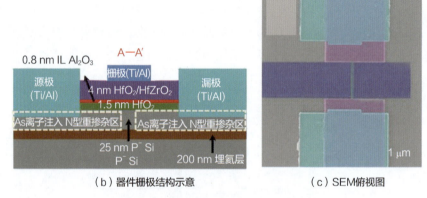

（b）器件栅极结构示意　　　　（c）SEM俯视图

图 6.16　基于后栅工艺的 NC-FinFET

图 6.17 所示为负电容器件（HZO NC-FinFET）和对比器件（HfO_2 FinFET）的转移特性和亚阈值特性。器件沟道长度和鳍结构宽度分别为 450 nm 和 30 nm。当 V_{DS} = 0.05 V 时，负电容器件表现出优于对比器件的开 / 关态电流，且其 SS 已突破玻尔兹曼极限[23]。图 6.18（a）所示为负电容器件在不同漏极电压下的转移特性曲线。当漏极电压由 0.05 V 上升至 0.5 V 时，负电容器件阈值电压增大，呈现 DIBR 现象。图 6.18（b）表征了 V_G = 0.2 V 时，负电容器件的 I_{DS}-V_{DS} 曲线。负电容器件在漏极电压为 0.2 ~ 0.4 V 时呈现出明显的 NDR 效应，与图 6.18（a）呈现的 DIBR 现象相吻合[24]。

为进一步研究 NDR 效应导致的 DIBR 效应对于短沟道效应的抑制作用，该工作还针对性地研究了不同沟道长度负电容器件的相关特性。图 6.19 所示为沟道长度为 30 nm、鳍结构宽度为 60 nm 的负电容器件和对比器件的转移特性和亚阈值特性曲线。显然，负电容效应使器件实现了显著的性能增益。

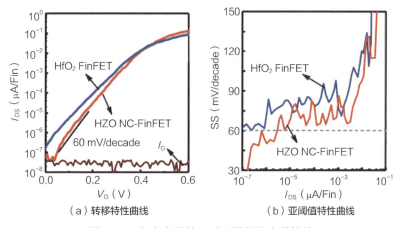

(a)转移特性曲线　　　　(b)亚阈值特性曲线

图 6.17　负电容器件和对比器件的电学特性

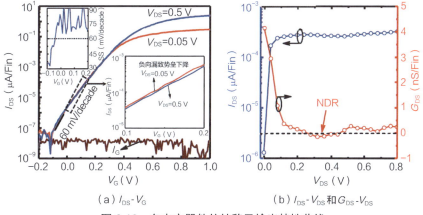

(a)I_{DS}-V_G　　　　(b)I_{DS}-V_{DS} 和 G_{DS}-V_{DS}

图 6.18　负电容器件的转移及输出特性曲线

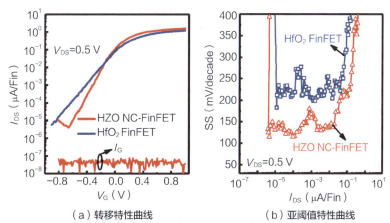

(a)转移特性曲线　　　　(b)亚阈值特性曲线

图 6.19　沟道长度为 30 nm、鳍结构宽度为 60 nm 的负电容器件和对比器件的电学特性

图 6.20 系统总结了沟道长度和鳍结构宽度对于亚阈值特性及 DIBL 效应的影响。对负电容器件而言，当器件沟道长度从 450 nm 缩减至 90 nm 的过程中，器件亚阈值特性无明显退化；当器件沟道长度进一步缩减至 60 nm、30 nm 时，严重的短沟道效应导致器件亚阈值特性剧烈恶化。此外，较小的鳍结构宽度得益于更强的栅极控制能力，可实现更优的亚阈值特性，如图 6.20(a) 所示[25]。对比研究负电容器件和传统场效应晶体管可发现，负电容器件可在整个沟道长度范围（30～450 nm）和器件长宽比范围（L_G/W_{Fin} = 0.5～10）内，表现出优于传统器件的亚阈值特性和 DIBL 效应所导致的阈值电压漂移特性，如图 6.20(b)～图 6.20(e) 所示。

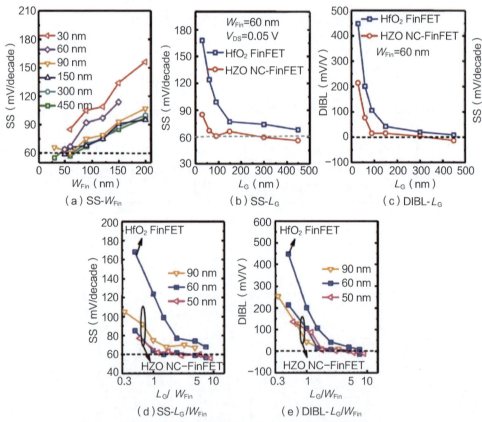

图 6.20 负电容器件与对比器件的 SS、DIBL 随沟道长度（L_G）、鳍结构宽度（W_{Fin}）以及器件长宽比的变化示意

综上所述，该工作基于 NC-FinFET 与传统场效应晶体管的对比研究，明确了如下结论：负电容器件基于铁电材料的负电容响应特性，具备 NDR 和 DIBR

效应等特性，因而可以提供抑制 DIBL 等短沟道效应的能力；且相关效应不随器件沟道长度、鳍结构宽度等结构参数的变化发生衰减，为后摩尔时代的器件尺寸缩减障碍提供了有效的技术解决方案。

6.3.2　高增益跨导放大器

跨导放大器，是一种将差分输入电压转变为输出电流，并进行信号放大的器件。该类器件得益于优异的高频响应特性，被广泛应用于模拟电子领域，包括滤波器、模拟乘法器以及分频器等。传统场效应晶体管基于栅极控制的沟道跨导可以实现压控电流源的精确调控，是制备纳米尺度跨导放大器的最具潜力的器件结构。

在理想跨导放大器中，输出电流（I_{out}）是差分输入电压信号的线性函数，计算公式通常可表示为：

$$I_{out} = \left(V_{in+} - V_{in-}\right) \cdot G_m \tag{6-5}$$

其中，V_{in+} 是同相输入端电压，V_{in-} 是反相输入端电压，G_m 是放大器跨导。跨导放大器输出电压 V_{out} 等于输出电流与负载电阻 R_{load} 的乘积，电压增益（$G_{voltage}$）是输出电压与差分输入电压的比值，如式（6-6）和式（6-7）所示：

$$V_{out} = I_{out} \cdot R_{load} \tag{6-6}$$

$$G_{voltage} = \frac{V_{out}}{V_{in+} - V_{in-}} = R_{load} \cdot G_m \tag{6-7}$$

跨导放大器的输出电压增益直接取决于输出电阻和跨导。2021 年，新加坡国立大学 Xiao Gong 教授团队在深入研究跨导放大器结构和工作原理的基础上，首次提出利用负电容器件 NDR 效应实现具有超高输出电阻的新型跨导放大器，进而获得超高的电压增益[26]。图 6.21（a）所示为负电容跨导放大器等效电路，其中，红色框线选中的器件被替换为具有 NDR 效应的负电容器件，M2 和 M4 晶体管以输出端为参照，呈现并联状态，图 6.21（b）所示为并联结构示意。输出电阻（R_{out}）可表示为：

$$\left|R_{out}\right| = \left|\frac{R_{out,MOS} \cdot R_{out,NC}}{R_{out,MOS} + R_{out,NC}}\right| \gg \left|R_{out,MOS}\right|, R_{out,NC} < 0 \tag{6-8}$$

其中，$R_{out,MOS}$ 为 MOSFET 的输出电阻，$R_{out,NC}$ 为 NCFET 的输出电阻。

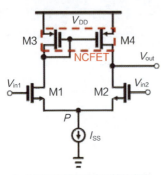
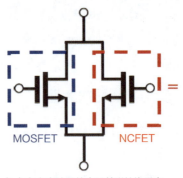

（a）负电容跨导放大器等效电路　　　　（b）负电容跨导放大器并联结构示意

图 6.21　负电容跨导放大器

当负电容器件呈现 NDR 现象且保持良好电阻匹配时，图 6.21 中的并联结构可以提供远高于传统器件结构所提供的输出电阻，进而大幅提高电压增益。

上述研究始于 NC-FinFET 器件模型的建立，可从器件结构和铁电负电容行为两个方面进行描述。针对器件结构，该工作以格芯公司 14 nm NC-FinFET 的参数及电学性能为基准[27]；针对铁电负电容行为，选取 L-K 公式描述工作机理，主要目的在于满足负电容器件及跨导放大器的动态响应仿真需求，具体公式如下：

$$\frac{\xi_{FE}t_{FE}}{A_{FE}}\frac{dQ}{dt} + 2\alpha_{FE}t_{FE}\frac{Q}{A_{FE}} + 4\beta_{FE}t_{FE}\left(\frac{Q}{A_{FE}}\right)^3 = V_{FE} \quad (6-9)$$

$$VCVS = 2\alpha_{FE}t_{FE}\frac{Q}{A_{FE}} = f(V_{MOS}, V_{DS}, V_{BS}) \quad (6-10)$$

$$R_{FE} = \frac{\xi_{FE}t_{FE}}{A_{FE}} \quad (6-11)$$

其中，Q 为电荷量，t_{FE}、A_{FE} 分别为铁电薄膜厚度和铁电电容面积，VCVS 为复分输入电压控制的输出电压，V_{FE} 为铁电层两端电压，V_{BS} 为晶体管本区（Body）与源极（Source）之间的电压差，R_{FE} 为铁电薄膜电阻，α_{FE}、β_{FE} 和 ξ_{FE} 为 L-K 公式的经验参数，主要描述薄膜铁电性及高频响应特性[4, 28]。图 6.22（a）所示为 NC-FinFET 仿真结构示意，沟道长度为 14 nm。为提升仿真效率，该工作在考虑器件较小工作电压的基础上，忽略 β_{FE} 所描述的 L-K 公式的高阶项，将铁电负电容行为等效为一阶线性响应模型。图 6.22（b）所示为器件等效电路，负电容器件可分为铁电电容和传统场效应晶体管两个部分，其中，铁电电容可等效为压控电流源和电阻组成的串联系统。

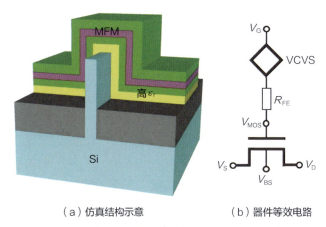

（a）仿真结构示意　　　　　（b）器件等效电路

图 6.22　NC-FinFET 仿真结构示意及器件等效电路

图 6.23（a）所示为格芯公司 FinFET 的实验测试曲线、仿真曲线，良好的匹配度验证了器件模型的有效性[27]。基于上述器件结构和铁电电容描述模型，图 6.23（b）展示了 NC-FinFET 的转移特性仿真曲线。相比传统器件，负电容器件呈现出超过 30% 的开态电流增益。为进一步匹配负电容器件的高频动态响应特性，图 6.23（c）和图 6.23（d）模拟了铁电薄膜厚度为 3 nm 的器件的沟道电流曲线和时延曲线，并通过拟合格芯 NC-FinFET 振荡器的频率响应特性，确定铁电薄膜的动态响应参数 ξ_{FE} 为 $0.1\ \Omega\cdot m$[29]。

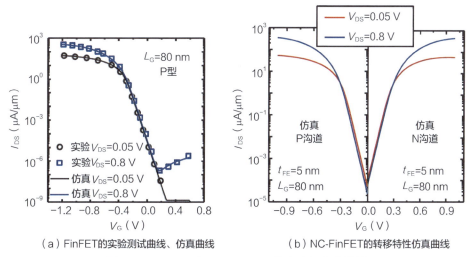

（a）FinFET 的实验测试曲线、仿真曲线　　（b）NC-FinFET 的转移特性仿真曲线

图 6.23　FinFET 与 NC-FinFET 的实验与仿真结果

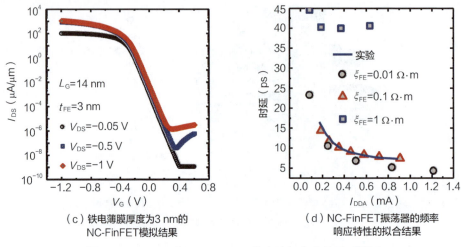

(c) 铁电薄膜厚度为3 nm的
NC-FinFET模拟结果

(d) NC-FinFET振荡器的频率
响应特性的拟合结果

图 6.23 FinFET 与 NC-FinFET 的实验与仿真结果（续）

图 6.24（a）和图 6.24（b）所示为基于 6.3.2 节器件模型及相关参数所得的传统场效应晶体管与负电容器件的输出特性曲线。负电容器件呈现出明显的 NDR 效应。图 6.25（b）展示了传统场效应晶体管和负电容器件的跨导放大器的电压增益特性，相关参数如图 6.25（a）所示。当恒定电流源维持 80 μA 的电流强度（I_{SS}）时，负电容跨导放大器可获得超过 30 dB 的电压增益。

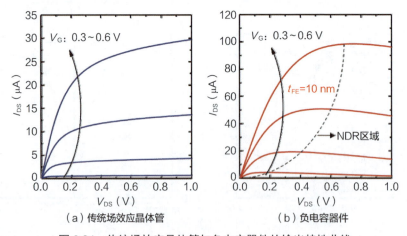

(a) 传统场效应晶体管

(b) 负电容器件

图 6.24 传统场效应晶体管与负电容器件的输出特性曲线

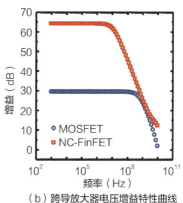

M_1和M_2晶体管的宽长比	3.6 μm/80 nm
M_3和M_4晶体管的宽长比	0.9 μm/80 nm
共模输入电压 $V_{in1,in2}$	0.8 V
V_{DD}	1.2 V
I_{SS}	80 μA

(a) 相关参数　　　　(b) 跨导放大器电压增益特性曲线

图 6.25　传统场效应晶体管和负电容器件的相关参数及电学特性曲线

综上所述，该工作基于负电容器件 NDR 效应，提出了具有超高电压增益的跨导放大器的结构设计。通过将传统放大器中的部分器件替换为具有 NDR 效应的负电容器件，输出电阻被放大，从而获得了超过 30 dB 的电压增益。该工作通过深入探索相关领域的应用需求，将负电容器件应用领域拓展至模拟射频领域，进一步推动了 NCFET 的实际应用。

6.4　本章小结

本章针对由西安电子科技大学韩根全教授团队发现的 NDR 效应，首先详细讨论了 NDR 效应的产生机理，从根本上明确了该现象源于栅漏寄生电容的耦合，且广泛存在于有回滞和无回滞负电容器件中。因此，NDR 效应不仅可以作为负电容效应的判定标志，还对器件相关应用有深远的影响。

其次，针对 NDR 效应对于器件特性的影响以及相关应用的需求，本章还基于印度理工学院 Chauhan 教授团队和西安电子科技大学韩根全教授团队的理论及实验结果，探索了 NDR 效应的调控机制。研究表明，负电容器件栅漏耦合强度不仅取决于栅漏寄生电容大小，还可通过电容匹配程度进行调控，从而得出结论，负电容场效应晶体管 NDR 效应可通过栅漏交叠电容、沟道长度和铁电薄膜特性等多个参数进行调制。

最后，本章以加利福尼亚大学伯克利分校 Salahuddin 教授团队和新加坡国立大学 Xiao Gong 教授团队的研究成果为例，介绍了 NDR 效应在短沟道效应抑制和高增益跨导放大器方面的应用前景，进一步明确了负电容场效应晶体管在后摩尔时代低功耗应用及模拟射频应用方面的巨大应用前景。

参考文献

[1] SALAHUDDIN S, DATTA S. Use of negative capacitance to provide voltage amplification for low power nanoscale devices[J]. Nano Letters, 2008, 8(2): 405-410.

[2] ZHOU J, HAN G, LI Q, et al. Ferroelectric HfZrO$_x$ Ge and GeSn PMOSFETs with sub-60mV/decade subthreshold swing, negligible hysteresis, and improved I_{DS}[C]//2016 IEEE Electron Devices Meeting (IEDM). IEEE, 2016.

[3] AGARWAL H, KUSHWAHA P, DUARTE J, et al. Engineering negative differential resistance in NCFETs for analog applications[J]. IEEE Transactions on Electron Devices, 2018, 65(5): 2033-2039.

[4] LI Y, KANG Y, GONG X. Evaluation of negative capacitance ferroelectric MOSFET for analog circuit applications[J]. IEEE Transactions on Electron Devices, 2017, 64(10): 4317-4321.

[5] GUPTA S, STEINER M, AZIZ A, et al. Device-circuit analysis of ferroelectric FETs for low-power logic[J]. IEEE Transactions on Electron Devices, 2017, 64(8): 3092-3100.

[6] SAHA A, SHARMA P, DABO I, et al. Ferroelectric transistor model based on self-consistent solution of 2D Poisson's, non-equilibrium Green's function and multi-domain Landau Khalatnikov equations[C]//2017 IEEE International Electron Devices Meeting (IEDM). IEEE, 2017.

[7] SEO J, LEE J, SHIN M. Analysis of drain-induced barrier rising in short-channel negative-capacitance FETs and its applications[J]. IEEE Transactions on Electron Devices, 2017, 64(4): 1793-1798.

[8] PAHWA G, DUTTA T, AGARWAL A, et al. Analysis and compact modeling of negative capacitance transistor with high on-current and negative output differential resistance-Part II: model validation[J]. IEEE Transactions on Electron Devices, 2016, 63(12): 4986-4992.

[9] DUTTA T, PAHWA G, TRIVEDI A, et al. Performance evaluation of 7-nm node negative capacitance FinFET-based SRAM[J]. IEEE Electron Device Letters, 2017, 38(8): 1161-1164.

[10] ZHOU J, HAN G, LI J, et al. Comparative study of negative capacitance Ge pFETs with HfZrO$_x$ partially and fully covering gate region[J]. IEEE Transactions on Electron Devices, 2017, 64(12): 4838-4843.

[11] CHUNG W, SI M, YE P D. Hysteresis-free negative capacitance germanium CMOS FinFETs with Bi-directional sub-60 mV/decade[C]//2017 IEEE International Electron Devices Meeting

(IEDM). IEEE, 2017.

[12] ZHOU J, PENG Y, HAN G, et al. Hysteresis reduction in negative capacitance Ge PFETs enabled by modulating ferroelectric properties in HfZrO$_x$[J]. IEEE Journal of the Electron Devices Society, 2017, 6: 41-48.

[13] OTA H, FUKUDA K, LKEGAMI T, et al. Perspective of negative capacitance FinFETs investigated by transient TCAD simulation[C]//2017 IEEE International Electron Devices Meeting (IEDM). IEEE, 2017.

[14] LI J, ZHOU J, HAN G, et al. Correlation of gate capacitance with drive current and transconductance in negative capacitance Ge PFETs[J]. IEEE Electron Device Letters, 2017, 38(10): 1500-1503.

[15] YU Z, WANG H, LI W, et al. Negative capacitance 2D MoS$_2$ transistors with sub-60mV/decade subthreshold swing over 6 orders, 250 µA/µm current density, and nearly-hysteresis-free[C]//2017 IEEE International Electron Devices Meeting (IEDM). IEEE, 2017.

[16] SI M, SU C J, JIANG C, et al. Steep-slope hysteresis-free negative capacitance MoS$_2$ transistors[J]. Nature Nanotechnology, 2018, 13(1): 24-28.

[17] ZHOU J, HAN G, LI J, et al. Negative differential resistance in negative capacitance FETs[J]. IEEE Electron Device Letters, 2018, 39(4): 622-625.

[18] KHAN A, YEUNG C, HU C, et al. Ferroelectric negative capacitance MOSFET: capacitance tuning & antiferroelectric operation[C]//2011 International Electron Devices Meeting. IEEE, 2011.

[19] 周久人. 基于铁电材料的负电容场效应晶体管研究 [D]. 西安：西安电子科技大学，2019.

[20] SAEIDI A, JAZAERI F, BELLANDO F, et al. Negative capacitance field effect transistors; capacitance matching and non-hysteretic operation[C]//2017 47th European Solid-State Device Research Conference (ESSDERC). IEEE, 2017: 78-81.

[21] ZHOU X, LIM K Y, LIM D, et al. A simple and unambiguous definition of threshold voltage and its implications in deep-submicron[J]. IEEE Transactions on Electron Devices, 1999, 46(4): 807-809.

[22] ZHOU H, KWON D, SACHID A, et al. Negative capacitance, n-channel, Si FinFETs: Bi-directional sub-60 mV/dec, negative DIBL, negative differential resistance and improved short channel effect[C]//2018 IEEE Symposium on VLSI Technology. IEEE, 2018: 53-54.

[23] KO E, LEE J W, SHIN C. Negative capacitance FinFET with sub-20-mV/decade subthreshold slope and minimal hysteresis of 0.48 V[J]. IEEE Electron Device Letters, 2017, 38(4): 418-421.

[24] KWON D, CHATTERJEE K, TAN A, et al. Improved subthreshold swing and short channel effect in FDSOI n-channel negative capacitance field effect transistors[J]. IEEE Electron Device Letters, 2017, 39(2): 300-303.

[25] KANG Y, XU S, HAN K, et al. $Ge_{0.95}Sn_{0.05}$ gate-all-around p-channel metal-oxide-semiconductor field-effect transistors with sub-3 nm nanowire width[J]. Nano Letters, 2021, 21(13): 5555-5563.

[26] HAN K, SUN C, KONG J, et.al. Hybrid design using metal-oxide-semiconductor field-effect transistors and negative-capacitance field-effect transistors for analog circuit applications[J]. IEEE Transactions on Electron Devices, 2020, 68(2): 846-852.

[27] KRIVOKAPIC Z, RANA U, GALATAGE R, et al. 14nm ferroelectric FinFET technology with steep subthreshold slope for ultra low power applications[C]//2017 IEEE International Electron Devices Meeting (IEDM). IEEE, 2017.

[28] LI Y, YAO K, SAMUDRA G, et al. Delay and power evaluation of negative capacitance ferroelectric MOSFET based on SPICE model[J]. IEEE Transactions on Electron Devices, 2017, 64(5): 2403-2408.

[29] KWON D, LIAO Y H, LIN Y K, et al. Response speed of negative capacitance FinFETs[C]// 2018 IEEE Symposium on VLSI Technology. IEEE, 2018: 49-50.

第 7 章 铁电负电容场效应晶体管的频率响应特性

NCFET 得益于铁电材料的负电容效应，在不改变 MOSFET 结构的前提下具备一系列优于 MOSFET 的电学特性，如亚阈值特性改善、开关电流比增大以及短沟道效应被抑制等，因而被视为低功耗应用领域最具潜力的器件结构之一 [1-3]。针对 NCFET 逻辑应用的需求，学术界和工业界先后通过实验证实了 NCFET 实现的可行性 [1, 4-5]、负电容存在性 [6-8] 和栅极电压放大效应 [9-11]，并深入研究了 NCFET 的回滞特性 [12-20] 和 NDR 特性 [21-25]。为进一步推动 NCFET 实用化，以满足后摩尔时代集成电路的高能效发展需求，学术界和工业界开始聚焦 NCFET 领域的另一亟待突破的关键性能瓶颈——高频响应特性 [8]。

相比传统 MOSFET，NCFET 仅将 MOSFET 绝缘栅介质替换为具有自发极化特性的铁电材料。实现高频响应特性的关键限制因素是铁电材料极化翻转和负电容效应的频率响应特性。因此，本章将从铁电材料极化翻转的频率响应特性和负电容效应的频率响应特性优化两个层面剖析 NCFET 的频率响应特性的研究进展。

7.1 铁电材料本征延时

负电容效应的概念为，在偏置电压扫描过程中，稳定的电容系统（这里指"电容匹配良好的铁电电容和传统电容串联系统"）可以驱使极化电荷沿 S 形回路响应外界偏置信号，从而实现负电容效应（$dP/dE<0$），如图 7.1 所示。这意味着，负电容效应的频率响应特性严重依赖于铁电材料极化翻转的频率响应特性。因此，7.1 节将首先介绍针对铁电材料极化翻转的频率响应特性的研究，以评估负电容效应的高频响应特性潜力。

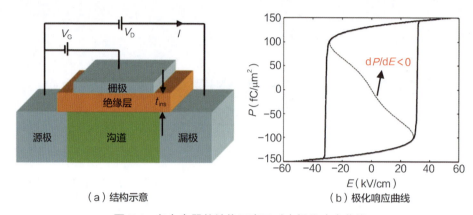

(a) 结构示意　　　　　　　　　（b) 极化响应曲线

图 7.1　负电容器件结构示意及对应极化响应曲线

7.1.1　铁电电容-电阻延时评估系统

针对铁电材料极化翻转频率响应特性，加利福尼亚大学伯克利分校 Salahuddin 教授团队首先建立了铁电电容-电阻延时评估系统，并针对 PZT 铁电薄膜展开了研究。图 7.2 所示为延时评估系统结构示意和等效电路。相比传统极化响应测试系统中脉冲信号源和铁电电容样本的简单串联结构，该系统不仅串联了电阻单元，还额外补充了两通道电压检测功能，以实时测量信号源输出电压、电阻分压以及铁电电容样本分压。基于铁电电容介电性和极化翻转特性可知：

（1）当信号源输入正向/反向脉冲信号时，铁电电容两侧分压将随脉冲信号上升/下降；

（2）当铁电电容两侧分压超过矫顽电压时，铁电材料极化翻转将引起电容存储的电荷量急剧增加，从而使系统串联电流大幅上升，这一行为将导致电阻分压同步上升，铁电电容分压随之降低；

（3）PZT 铁电薄膜极化完成后，电容存储的电荷量趋于稳定，电容分压呈上升趋势。

综上所述，该系统的铁电电容响应延时包含铁电电容-电阻延时和铁电材料极化翻转延时两部分。同时，受极化翻转行为影响，铁电电容分压将在局部区域呈现与外界信号逆向变化的现象。因此，通过铁电电容-电阻延时评估系统可以表征铁电材料的极化响应特性。

图 7.3（a) 所示为测试所用的铁电电容样本结构示意。铁电电容自下而上分别是溅射淀积的钌酸锶（$SrRuO_3$，简称 SRO）底电极、脉冲激光沉积的 PZT 单晶薄膜和电子束蒸发的金顶电极。PZT 铁电薄膜厚度为 60 nm，电容面积为

900 μm²。图 7.3（b）所示为铁电电容在不同脉冲信号频率下的极化响应曲线，呈现典型的电滞回线，剩余极化强度超过 70 μC/cm²，矫顽电压约为 +2.1 V 和 –0.8 V。此外，矫顽电压表现出严重的脉冲信号频率依赖性，如图 7.3（c）所示。

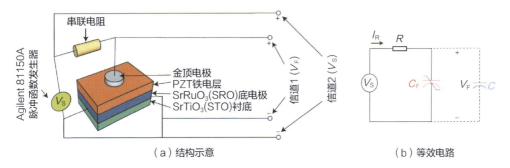

（a）结构示意　　　　　　　　　　　　（b）等效电路

图 7.2　铁电电容 - 电阻延时评估系统

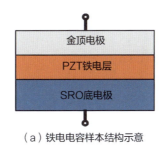

（a）铁电电容样本结构示意

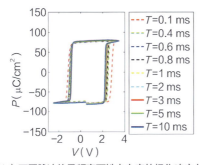 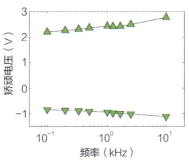

（b）不同脉冲信号频率下铁电电容的极化响应曲线　　（c）矫顽电压对脉冲信号频率的依赖性

图 7.3　铁电电容样本结构及相关参数测试结果

图 7.4 所示是基于铁电电容样本和铁电电容 - 电阻延时评估系统测试所得的铁电电容分压、串联电流以及极化电荷随脉冲信号变化的曲线。系统串联电阻为 50 kΩ，脉冲信号沿"–5.4 V → +5.4 V → –5.4 V"方向扫描。

如图 7.4 所示，当脉冲信号沿"–5.4 V → +5.4 V"方向扫描时：

(1)铁电电容分压首先表现出与扫描信号呈正相关的趋势，同时由于评估系统延时，响应信号（实心符号）相比输入信号（空心符号）存在明显的滞后现象。该阶段铁电电容分压小于 +2.1 V，且无极化翻转行为，因而串联电流无明显变化。

(2)当铁电电容分压随扫描信号上升并突破 +2.1 V 时，超越矫顽电压所产生的电场强度将逐步翻转极化电荷。极化电荷密度的急剧变化使串联电流大幅提升，从而导致串联电阻分压快速上升，铁电电容分压上升趋势逐渐放缓直至下降。

(3)随着极化翻转逐渐完成，极化翻转行为几乎消失。铁电电容-电阻延时评估系统回归传统电容-电阻系统行为，铁电电容分压逐步接近脉冲信号。

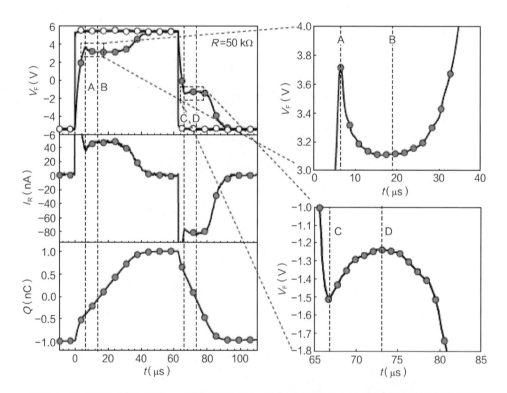

图7.4 铁电电容分压（V_F）、串联电流（I_R）以及极化电荷（Q）随脉冲信号变化的曲线

综上所述，铁电电容-电阻延时评估系统在脉冲信号扫描过程中，呈现出异于传统电容-电阻系统的电学响应行为，图7.4中的AB和CD段完整反映

了极化翻转过程，因而可作为研究铁电材料极化翻转频率响应特性的关键。

图 7.5 基于图 7.4 中的铁电电容分压、串联电流和极化电荷的关系，绘制了系统的铁电电容极化响应曲线。如图 7.5 所示，当脉冲信号沿 "–5.4 V → +5.4 V → –5.4 V" 方向扫描时，铁电电容不仅表现为典型的回滞型极化响应曲线，还在局部区域呈现出极化强度与电压之间的负微分关系，从而明确了负电容效应存在。对于图 7.4 中的 AB 和 CD 区域，极化翻转延时约为 8 μs。

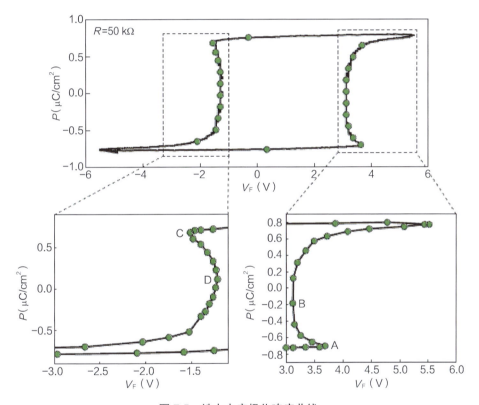

图 7.5 铁电电容极化响应曲线

图 7.6 所示为铁电电容 - 电阻延时评估系统等效电路。区别于图 7.2(b)，铁电电容被拆分为极化响应电容性单元和电阻性单元，以铁电电容 - 电阻延时代替描述铁电电容的本征延时。理论研究表明，当极化电荷瞬态需求恒定时，较大的串联电阻将导致铁电电容分压下降以及串联电流减小，从而极大地影响铁电电容内部系统的本征延时评估。为准确评估铁电电容极化响应延时，Salahuddin 教授团队深入研究基于不同大小电阻的系统的响应特性。

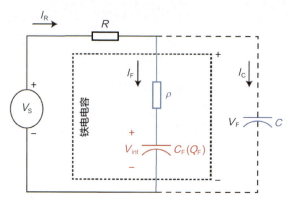

图 7.6 铁电电容 - 电阻延时评估系统等效电路

图 7.7 所示是电阻为 2 kΩ、25 kΩ、50 kΩ 和 300 kΩ 的铁电电容 - 电阻延时评估系统的响应特性。输入信号为脉冲振幅为 5.4 V、周期为 50 μs 的方波。测试结果表明，铁电电容负微分电容特性在全周期范围内均清晰可辨，且极化响应延时随串联电阻减小而大幅下降。当串联电阻为 2 kΩ 时，铁电电容极化响应延时已低至 351 ns。

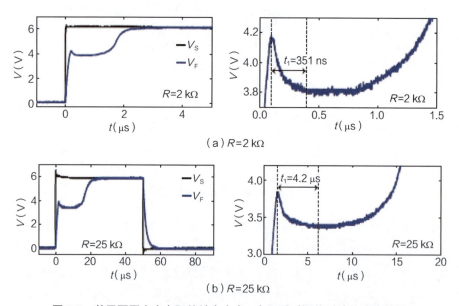

图 7.7 基于不同大小电阻的铁电电容 - 电阻延时评估系统的响应特性

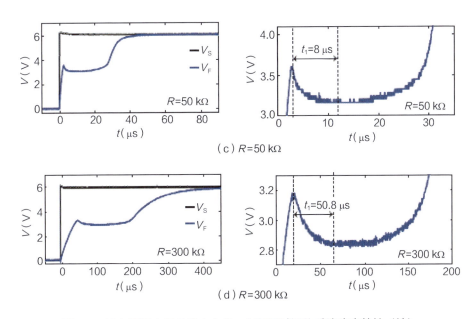

图 7.7 具有不同电阻的铁电电容 - 电阻延时评估系统响应特性（续）

图 7.8 所示为铁电电容极化响应延时随串联电阻变化的曲线。实验结果表明，当串联电阻无限趋近于 0 时，铁电电容极化响应延时可以低至 19.9 ns。

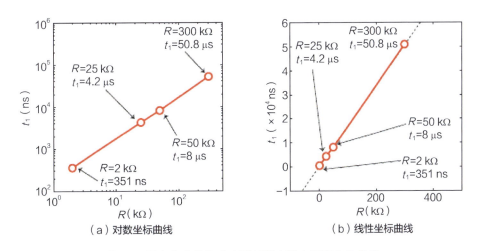

图 7.8 铁电电容极化响应延时随串联电阻变化的曲线

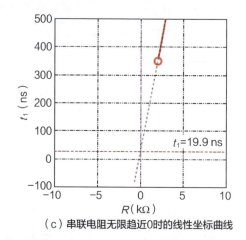

（c）串联电阻无限趋近0时的线性坐标曲线

图 7.8　铁电电容极化响应延时随串联电阻的变化曲线（续）

综上所述，该工作首次实现了铁电电容 - 电阻延时评估系统，并粗略地评估了 PZT 铁电薄膜的极化响应延时可缩短至纳秒量级。然而，相关结果受限于实验样本的硅基 CMOS 工艺兼容性及测试系统的表征极限，并不足以阐明低功耗 NCFET 在集成电路领域的应用前景。

7.1.2　亚纳秒铁电电容快速测试系统

为满足当前集成电路产业对于 NCFET 以及相关铁电材料的频率响应特性的评估需求，普渡大学 Peide D. Ye 教授团队搭建了亚纳秒铁电电容快速测试系统，并针对与硅基 CMOS 工艺兼容的氧化铪基铁电薄膜展开了深入分析。下面将着重讨论亚纳秒铁电电容快速测试系统的结构，并评估氧化铪基铁电薄膜高频响应特性，以明确与硅基 CMOS 工艺兼容的 NCFET 的频率响应特性。

图 7.9 所示为亚纳秒铁电电容快速测试系统等效电路。系统包括高速脉冲发生器、高速 / 高功率放大器、高频示波器以及感应三通等部分。其中，高速脉冲发生器和高速 / 高功率放大器的目的在于产生振幅大于 9 V、上升时间小于 300 ps 的脉冲波形；高频示波器采样速率大于 80 GS/s，主要用于检测输出的脉冲电压信号以及瞬态响应电流信号；感应三通包括三通结构和阻抗匹配探头，可最大限度地减少信号反射及相应干扰。

该工作测试样本为 $HfZrO_x$（HZO）铁电薄膜，顶电极和底电极均为金属钨（W）。基本工艺流程包括：底电极淀积及其图形化、铁电薄膜淀积、顶电极淀积及其图形化、快速热退火工艺,如图7.10(a)所示。其中,HZO铁电薄膜采用ALD工艺。顶/底电极则采用磁控溅射工艺,额外的图形化过程主要用于形成交叉结构,如图7.10(b)所示,以精确调控铁电电容面积及其本征延时。如图7.10(c)和图7.10(d)所示,电滞回线和

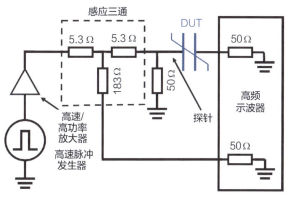

图 7.9 亚纳秒铁电电容快速测试系统等效电路

蝴蝶形电容特性曲线有效地证实了 HZO 铁电薄膜的铁电性,并给出了薄膜的铁电参数:剩余极化强度为 20 μC/cm², 矫顽场强度为 1.8 MV/cm。

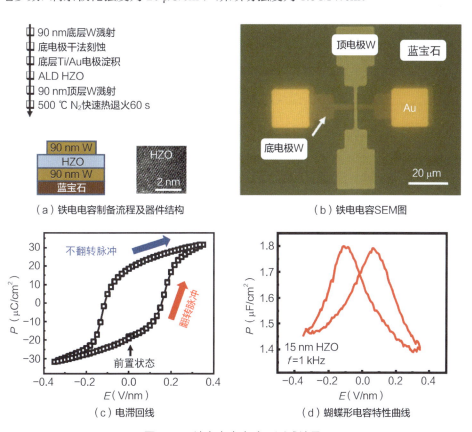

图 7.10 铁电电容实验及测试结果

本工作采用"PUND（Positive-Up-Negative-Down）"模式来输入波形，如图 7.11(a) 所示。PUND 波形包括初始化脉冲、极化翻转脉冲（脉冲 I，红色）、非极化翻转脉冲（脉冲 II，蓝色）。PUND 测试首先通过初始化脉冲重置铁电电容状态，包括铁电材料极化状态、缺陷填充状态及其他可移动电荷状态。随后，通过监测极化翻转脉冲（脉冲 I）条件下的响应电流，记录极化翻转、缺陷填充/释放以及电荷移动等多种行为的作用。随后，再次监测非极化翻转脉冲（脉冲 II）条件下的响应电流，利用铁电材料极化翻转行为的非易失特性，记录除极化翻转外的其他行为的作用。通过采用完全相同的脉冲 I 和脉冲 II，即可剥离极化翻转行为对于响应电流的贡献，从而获取极化响应电荷（即电流密度）随时间的变化，如图 7.11(b) 所示。

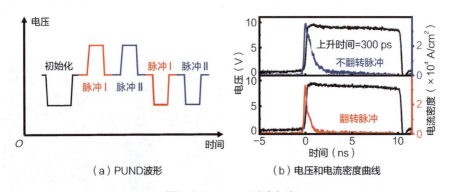

（a）PUND 波形　　　　（b）电压和电流密度曲线

图 7.11　PUND 测试方法

图 7.12(a) 所示为利用脉冲 I 和脉冲 II 测试所得的响应电流曲线及剥离极化翻转行为所获得的极化响应电流（I_{FE}）曲线，对时间积分（$P = \int I_{FE} \mathrm{d}t$）可得极化强度与时间的关系曲线。随后，该工作通过引入成核限制翻转模型，以准确提取极化响应延时时间常数。成核限制翻转模型可描述为：

$$P = P_S \left(1 - \exp\left(-\left(\frac{t}{t_0}\right)^\beta \right) \right) \quad (7\text{-}1)$$

其中，P 为极化强度，P_S 为饱和极化强度，β 为拟合常数，t_0 为极化响应延时时间常数。图 7.12(b) 所示为基于该模型的拟合结果。当铁电薄膜厚度为 15 nm 时，面积为 6.4 μm² 的 HZO 铁电电容可在 925 ps 内实现快速极化响应。

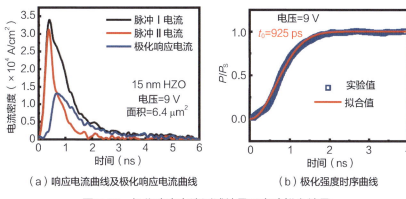

(a) 响应电流曲线及极化响应电流曲线　　(b) 极化强度时序曲线

图 7.12　极化响应电流测试结果及实验拟合结果

表 7-1 和图 7.13 展示的是针对铁电电容极化响应延时的统计对比结果。该工作基于快速测试系统首次明确了氧化铪基铁电薄膜可实现亚纳秒量级极化响应，推动了 NCFET 频率响应特性研究领域的发展。

表 7-1　不同铁电电容极化响应延时统计对比

工作	极化翻转时间（ns）	铁电材料	厚度（nm）	结构	电极材料	电压（V）
本工作	0.925	HZO	15	MIM	W	9
[26]	3.6	HZO	10	Ge FeFET	Ni	10
[27]	10	HSO	9	Si FeFET	TiN	6.5
[28]	100	HSO	8	MIM	TiN	3
[29]	10	Fe-HK	—	Si FeFET	—	4.2
[30]	236	HZO	8	MIM	W	2.5
[31]	5.4	HZO	15	MIM	WN	6.7

注：FeFET 为铁电场效应晶体管；MIM 为 Metal-Insulator-Metal，金属 – 绝缘层 – 金属。

图 7.14 所示为铁电薄膜成核限制翻转行为示意。理论研究表明，在外加电场作用下，铁电薄膜翻转始于极化奇点，并通过相邻交互行为驱动毗邻铁电畴的翻转。因此，铁电材料中所包含的铁电畴数目对于极化响应有影响。图 7.15 展示了不同面积铁电电容的极化响应曲线，其目的在于通过改变器件面积来调整材料中所包含的铁电畴数目，以明确铁电畴数目对于铁电材料极化翻转的频率响应特性的影响。图 7.15（a）

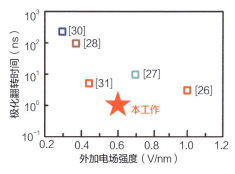

图 7.13　铁电电容极化响应延时统计结果

展示了极化响应电流曲线。脉冲振幅为 9 V。研究结果显示,基于持续缩减的铁电电容面积可以获得更大的极化响应电流,因此可以实现更优的极化翻转效率,如图 7.15(b) 所示。图 7.15(c) 展示了极化翻转时间和面积的关系,二者呈现正相关关系,再次证实了铁电电容面积、铁电畴数目和频率响应特性的制约关系。

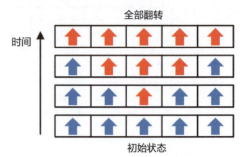

图 7.14 铁电薄膜成核限制翻转行为示意

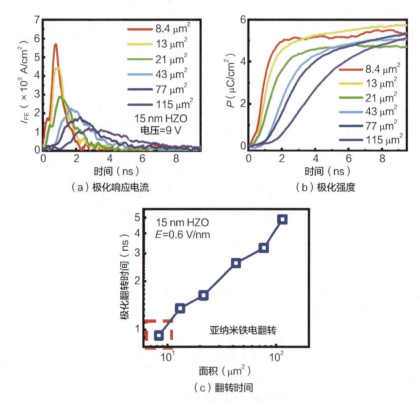

图 7.15 不同面积铁电电容的极化响应曲线

根据极化成核限制理论,铁电电容面积、铁电畴数目对于铁电电容的频率响应有明显的制约作用。因此,上述工作受制于铁电电容面积及铁电畴数目,并不足以评估氧化铪基铁电薄膜的高频响应极限。针对该问题,普渡大学 Peide D. Ye 教授团队致力于通过缩减铁电电容面积及其所包含的铁电畴数目进一步逼近

第 7 章 铁电负电容场效应晶体管的频率响应特性

氧化铪基铁电薄膜的高频响应极限。图 7.16 所示为交叉阵列结构及传统铁电电容结构的 SEM 图。其中，底电极被拆分成 10 根 1 μm 宽的电极组，顶电极则包含 10～20 根宽度为 100～200 nm 的电极组，从而形成单个铁电电容面积为 0.1～0.2 μm^2 的交叉阵列，如图 7.16（a）所示。研究表明[32-33]，氧化铪基铁电薄膜通常包含 m（单斜相）/o（正交相）/t（三斜相）等多种结晶相。其中，单斜相尺寸为 3～8 nm，铁电性正交相尺寸为 10～25 nm，三斜相尺寸为 25～45 nm。基于铁电电容交叉阵列工艺，单个铁电电容所包含的铁电性正交相数目至少可以下降 90%。

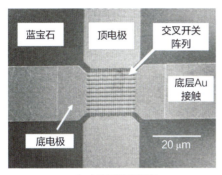
（a）交叉阵列结构

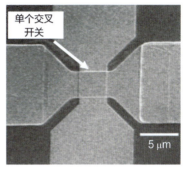
（b）传统铁电电容结构

图 7.16 交叉阵列结构及传统铁电电容结构的 SEM 图

图 7.17 展示了交叉阵列结构 HZO 铁电电容的电学特性，包括用于极化响应特性测试的 PUND 波形及极化响应关系。其中，PUND 脉冲振幅为 8.7 V，脉冲宽度为 10 ns。图 7.17（b）～图 7.17（d）所示为铁电电容极化响应曲线及积分所得的极化强度时序曲线。根据成核限制翻转理论可得，氧化铪基铁电薄膜极化响应延时可低至 360 ps。

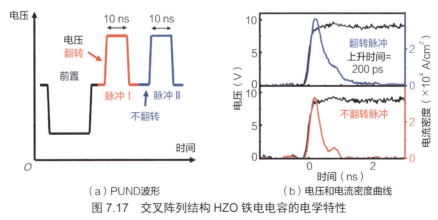

（a）PUND 波形　　　　（b）电压和电流密度曲线

图 7.17 交叉阵列结构 HZO 铁电电容的电学特性

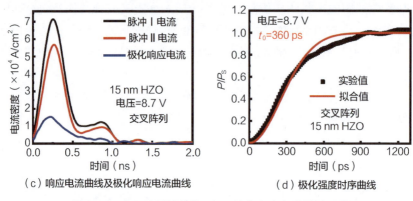

(c) 响应电流曲线及极化响应电流曲线　　　　(d) 极化强度时序曲线

图 7.17　交叉阵列结构的 HZO 铁电电容电学特性（续）

综上所述，7.1 节先后讨论了两项工作：加利福尼亚大学伯克利分校 Salahuddin 教授团队创新了铁电电容 - 电阻延时评估系统，明确 PZT 铁电电容极化响应延时可低至 19.9 ns；普渡大学 Peide D. Ye 教授团队针对高兼容性氧化铪基铁电薄膜超快响应特性的评估需求，创新了亚纳秒铁电电容快速测试系统，将极化响应延时降至 360 ps。上述结果从根本上阐明了氧化铪基铁电薄膜高频响应特性可以满足 NCFET 的逻辑应用需求。

7.2　铁电负电容器件频率响应特性

作为后摩尔时代高能效逻辑器件的候选者之一，NCFET 受到加利福尼亚大学伯克利分校、阿尔伯特大学、东京大学、新加坡国立大学、西安电子科技大学等的关注。7.2 节将在 NCFET 的频率响应特性研究的基础上，结合东京大学、西安电子科技大学和加利福尼亚大学伯克利分校等的研究工作，介绍铁电负电容器件频率响应特性研究进展，包括材料选取原则、结构设计原则以及电路应用频率响应特性。

7.2.1　材料选取原则

理论研究表明，负电容效应源于铁电材料的 S 形极化响应曲线，可通过 L-K 方程（7-2）进行描述：

$$\rho \frac{dP}{dt} = -2\alpha P - 4\beta P^3 - 6\gamma P^5 + E \tag{7-2}$$

其中，P 为极化强度，E 为外加电场，α、β、γ 为各向异性铁电参数。此外，

ρ 为铁电材料黏滞系数。

为明确铁电材料黏滞系数对于负电容效应乃至 NCFET 的影响，东京大学 Kobayashi 教授团队基于集成仿真电路模拟器（Simulation Program with Integrated Circuit Emphasis，SPICE）这一仿真平台，以铁电材料黏滞系数为变量，系统研究了铁电负电容器件的频率响应特性。

仿真研究始于 HZO 铁电薄膜的参数提取。图 7.18 展示了铁电电容瞬态特性测试系统等效电路，包含任意波形发生器、串联电阻、铁电电容以及电流表和电压表。这一结构与铁电电容-电阻延时评估系统类似，可以实时监测铁电电容电压、极化响应电流及极化电荷。图 7.19 所示为铁电电容 PUND 测试结果，实验发现，当测试频率从 10 Hz 逐步上升至 10 kHz 的过程中，电滞回线呈现出逐步展宽的趋势，这必将导致负电容效应的逐步畸变。

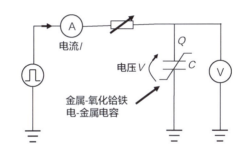

图 7.18　铁电电容瞬态特性测试系统等效电路

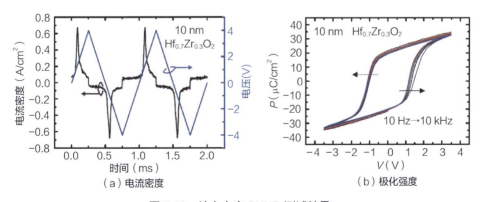

（a）电流密度　　　　　（b）极化强度

图 7.19　铁电电容 PUND 测试结果

为准确描述极化翻转频率响应特性，该工作首先基于准静态 L-K 模型，提取了准静态铁电参数 α、β 和 γ，如图 7.20 所示。

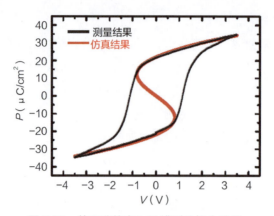

图 7.20 基于准静态 L-K 模型的拟合结果

随后,通过测量 HZO 铁电薄膜的瞬态响应特性,包括电流、电压和电荷,提取得到黏滞系数 ρ,如图 7.21 所示。评估发现,HZO 铁电薄膜的黏滞系数为 $1\times10^3 \sim 1\times10^4\ \Omega\cdot m$。图 7.22 所示为实验测试的瞬态表面电势和沟道电流与理论仿真结果的对比。

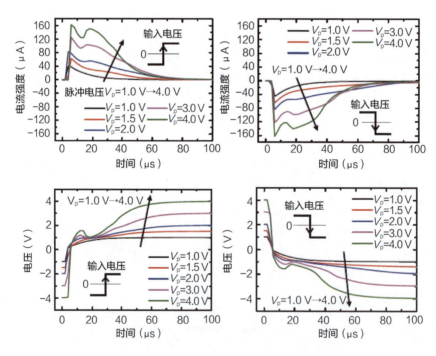

图 7.21 HZO 铁电薄膜的瞬态响应特性

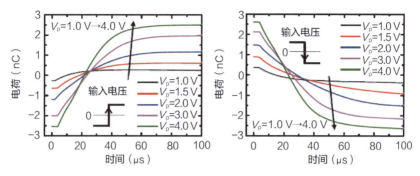

图 7.21 HZO 铁电薄膜的瞬态响应特性（续）

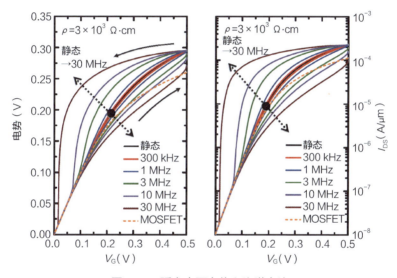

图 7.22 瞬态表面电势和沟道电流

图 7.22 基于上述提取的黏滞系数，针对负电容器件频率响应特性开展了系统研究。研究发现，对于恒为 $3\times10^3\ \Omega\cdot cm$ 的黏滞系数，负电容器件在 300 kHz 工作时，展现出明显优于对照器件（MOSFET）的电学特性，且回滞窗口宽度几乎为零。随着工作频率从 300 kHz 上升至 30 MHz，畸变的负电容特性迫使器件展现出逐渐展宽的回滞特性。图 7.23 研究了黏滞系数对于负电容器件回滞特性的影响。如图 7.23 所示，对于任意黏滞系数，负电容器件均呈现出随工作频率展宽的回滞特性。此外，缩减的黏滞系数可直接推动实现无回滞 NCFET 在高频条件下工作。

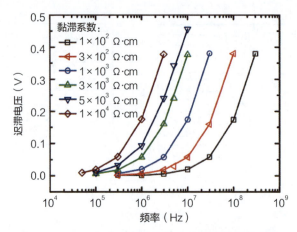

图 7.23 黏滞系数对于负电容器件回滞特性的影响

综上所述，该工作基于 SPICE 平台及铁电电容实验测试参数，研究了高频响应负电容器件对于材料特性的需求。研究表明，黏滞系数的缩减可直接推动高频响应负电容器件的实现。需要注意的是，相关研究结果基于大面积（约 100 μm²）铁电电容的频率响应特性展开，不可用于精确评估负电容器件的频率响应特性。

7.2.2 结构设计原则

如前文所述，NCFET 作为后摩尔时代高能效逻辑器件的有力竞争者之一，其核心竞争力不仅源自超低功耗特性，还得益于其良好的器件结构兼容性。2011 年，德国科学家 Böscke 在研究绝缘材料 HfO_2 的相变机理过程中，偶然发现 HSO 在相变过程中出现了铁电性[34]。氧化铪基铁电薄膜极优的 CMOS 工艺兼容性，进一步加速了负电容器件的研究与应用。但是，氧化铪基铁电薄膜这一材料限定也极大地制约了通过黏滞系数优化负电容器件高频响应特性的可能。因此，适用于高频逻辑应用的无回滞 NCFET 亟待进一步探索。下面重点讨论西安电子科技大学韩根全教授团队针对高频响应负电容器件进行的结构优化研究。

负电容器件高频响应能否实现的首要问题是，铁电薄膜极化翻转行为及其产生的负电容效应在高频响应条件下是否依旧有效。式（7-3）和式（7-4）是描述铁电薄膜极化翻转行为的 L-K 公式[35]：

$$V_{FE} - \left(\rho \frac{t_{FE}}{A_{FE}}\right) \times \left(A_{FE} \frac{dP}{dt}\right) = t_{FE}\left(\alpha P + \beta P^3 + \gamma P^5\right) \quad (7\text{-}3)$$

$$V_{FE} = t_{FE}\left(\alpha P + \beta P^3 + \gamma P^5\right) \quad (7\text{-}4)$$

其中，V_{FE} 为铁电电压，α、β、γ 为朗道系数，ρ 为黏滞系数，t_{FE} 和 A_{FE} 分别为铁电薄膜厚度和面积，P 和 t 分别为极化强度和极化翻转响应时间。dP/dt 为单位面积极化电荷快速翻转产生的极化翻转电流。当处于静态测试条件时，dP/dt 为零，外加电压全部用于铁电薄膜极化翻转，此时，式（7-3）简化为式（7-4）。

随着铁电薄膜响应频率的上升和极化翻转响应时间的缩短，dP/dt 急剧上升。因此，决定铁电薄膜极化翻转行为和负电容有效性的因素是铁电薄膜的极化翻转电流通道是否能够满足极化电荷快速移动的需求。所以，负电容效应的高频响应有效性由铁电薄膜极化翻转电流通道大小决定[36]。铁电薄膜响应频率的上升和极化翻转响应时间的缩短必然导致 dP/dt 的急剧上升和 V_{FE} 的显著增大，从而产生随响应频率的上升而不断展宽的 P-E 曲线，最终导致 NCFET 回滞窗口随响应频率上升而展宽[35, 37]。

考虑到高频响应时极化翻转电流上升的必然性，适用于高频逻辑应用的无回滞 NCFET 的探索将基于 NCFET 回滞特性和负电容稳定性的优化展开。理论研究表明，相比 MFMIS 结构，MFIS 结构的 NCFET 更容易形成稳定的负电容效应和无回滞特性[38-40]。原因如下：NCFET 回滞特性和负电容稳定性通常由 C_{FE} 和 C_{MOS} 之间的电容匹配程度直接决定[41-43]。图 7.24 所示为 MFMIS 和 MFIS 结构多铁电畴氧化铪基铁电薄膜 NCFET 的电容模型和电容匹配示意，其中，大量分离的铁电畴主要由氧化铪基铁电薄膜的多晶产生[44-46]。对 MFIS 结构而言，大量分离的铁电畴相互独立，因而具备各不相同的边界条件。因此，各铁电畴可根据所处局域环境，自由匹配极化电荷密度，进而实现局部电容匹配，最终使 NCFET 整体呈现电容匹配和无回滞特性。然而，对 MFMIS 结构而言，中间浮栅的插入导致上述彼此独立的铁电畴的极化电荷密度、界面电势均一化，从而极有可能引起局部电容失配，最终导致 NCFET 出现整体的电容失配和明显回滞现象[38, 40]。

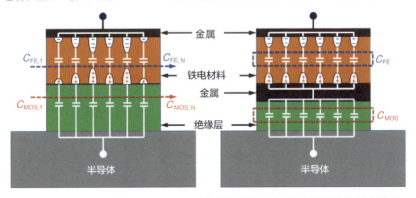

图 7.24　MFMIS（左图）和 MFIS（右图）结构多铁电畴氧化铪基铁电薄膜 NCFET 的电容模型和电容匹配示意

综上所述，相比 MFMIS 结构，MFIS 结构 NCFET 得益于更稳定的电容匹配，将更适用于高频逻辑应用。因此，该工作通过对比研究 MFMIS 结构和 MFIS 结构 NCFET 的高频响应特性，探索优化负电容器件频率响应特性的方式。

在 Ge 衬底上分别制备了 MFMIS 和 MFIS 结构的 NCFET。图 7.25（a）所示为 MFMIS 和 MFIS 结构 NCFET 的主要制备工艺流程。其中，MFIS 结构 NCFET 的制备工艺包括沟道表面钝化、HZO 铁电薄膜淀积、TaN 顶栅淀积、栅极图形化和栅刻蚀、源漏离子注入、源漏金属淀积和快速热退火。MFMIS 结构 NCFET 与第 4 章 Ge 沟道 MFMIS 结构 NCFET 的制备工艺类似，在完成沟道表面钝化后还添加了 HfO_2 介质淀积和 TaN 中间浮栅淀积两个步骤。上述所有器件均在 450 ℃ 氮气氛围中退火，旨在实现 HZO 铁电薄膜的正交相结晶、离子注入激活和源漏接触合金化。图 7.25（b）和图 7.25（c）所示为制备完成的 MFMIS 和 MFIS 结构 NCFET 的横截面结构示意。

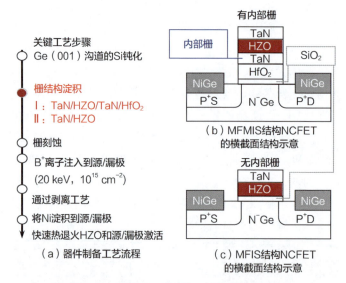

图 7.25 MFMIS 和 MFIS 结构的 NCFET

图 7.26（a）和图 7.26（b）所示为 MFMIS 和 MFIS 结构 NCFET 的栅极结构的 TEM 图。两种结构的 Ge 沟道表面均有厚度均匀的 SiO_2 界面钝化层，可观察到退火后明显呈结晶状态的 HZO 铁电薄膜。

为确认退火后结晶 HZO 的铁电性，该工作首先表征了 6.6 nm HZO 铁电薄

膜的 *P-U* 和 *C-V* 特性。图 7.27 和图 7.28 所示为 HZO 铁电薄膜的 *P-V* 和 *C-V* 测试曲线。典型的电滞回线和蝴蝶形 *C-V* 曲线证实了结晶 HZO 具有铁电性。此外，如图 7.28 所示，全频率范围（<1 MHz）内稳定的蝴蝶形 *C-V* 曲线说明，截至 1 MHz，结晶 HZO 依然保有铁电性，且性能无明显衰减。

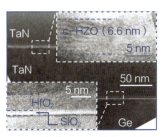

（a）MFMIS 结构

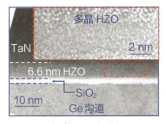

（b）MFIS 结构

图 7.26　NCFET 栅极结构的 TEM 图

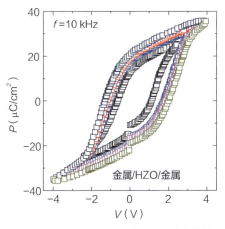

图 7.27　HZO 铁电薄膜的 *P-V* 测试曲线

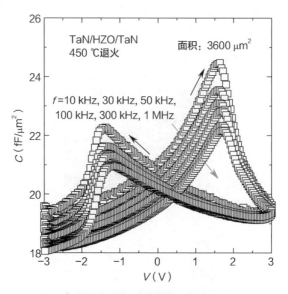

图 7.28 HZO 铁电薄膜的 C-V 测试曲线

MFMIS 结构 NCFET 的电学性能将基于宽度为 10 μs 的静态脉冲测试展开。图 7.29 所示为 MFMIS 结构 NCFET 的 I_{DS}-V_G 和 I_{DS}-V_{DS} 曲线。器件 L_G（沟道长度）为 2 μm。当 V_{DS}=−0.05 V 时，静态 I_{DS}-V_G 曲线的顺时针回滞窗口小于 100 mV，此时，NCFET 电学特性由负电容效应主导[47]。当栅极电压替换为脉冲宽度为 10 μs 的方波时，I_{DS}-V_G 曲线的回滞窗口迅速增大（当 I_{DS}=3.5×10^{-6} A/μm 时，回滞窗口大小为 1.5 V），亚阈值特性呈现明显的退化趋势。图 7.29（b）所示为脉冲测试条件下的 I_{DS}-V_{DS} 曲线，显著的 NDR 效应证明，测试频率上升至 0.1 MHz 时，NCFET 的电学特性依旧由负电容效应主导。

图 7.30 展示了回滞明显的 MFMIS 结构 NCFET 的 I_{DS}-V_G 曲线。器件 L_G 为 7 μm。当 V_{DS}=−0.05 V 时，静态 I_{DS}-V_G 曲线呈现大于 3 V 的顺时针回滞窗口。当栅极电压替换为 10 μs 脉冲方波时，回滞窗口进一步增大至 4.6 V。此外，当栅极电压为 10 μs 脉冲方波时，I_{DS}-V_G 曲线依然表现出陡峭开关特性，SS 最小值低至 50 mV/decade，从而进一步证实了此时 NCFET 的电学特性依旧由负电容效应主导。

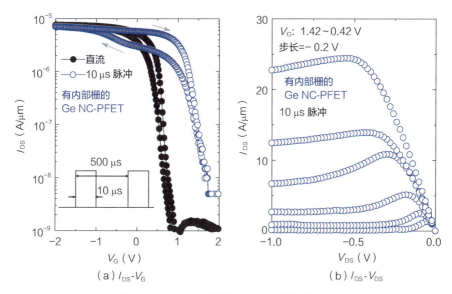

图 7.29 MFMIS 结构 NCFET 的沟道电流

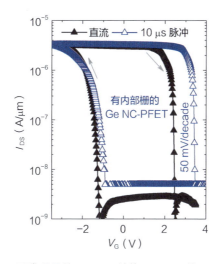

图 7.30 回滞明显的 MFMIS 结构 NCFET 的 I_{DS}-V_G 曲线

图 7.31 所示为 MFMIS 结构 NCFET 在静态和脉冲测试条件下的回滞窗口和 SS 统计结果。当栅极电压替换为 10 μs 脉冲方波时，MFMIS 结构 NCFET 的回滞窗口呈现明显的退化趋势，其回滞窗口宽度中位数上升约 1.2 V。此外，绝大多数器件的亚阈值特性同样出现了不同程度的退化。

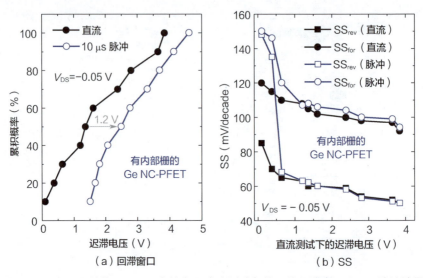

图 7.31 MFMIS 结构 NCFET 在静态和脉冲测试条件下的回滞窗口和 SS 统计结果

为分析 MFMIS 结构 NCFET 的电容匹配程度随响应频率的变化趋势，本章测试了 MFMIS 结构 NCFET 在不同频率下的 C_G-V_G 曲线，如图 7.32 所示。当测试频率为 10 kHz、50 kHz 时，C_G（栅极电容）在栅极电压反向扫描过程中，表现出急剧上升的趋势，从而形成电容尖峰现象。如图 7.32 中插图所示，NCFET 栅极电容由 C_{FE} 和 C_{MOS} 串联而成，即 $C_G^{-1} = C_{FE}^{-1} + C_{MOS}^{-1}$。因此，显著的电容尖峰现象被认作负电容效应的典型标志之一[48]。然而，当响应频率上升至 0.1 MHz、0.3 MHz 和 1 MHz 时，电容尖峰逐步减弱甚至完全消失。

综上所述，由于 MFMIS 结构 NCFET 的电学性能在静态和 10 μs 脉冲方波测试条件下均由负电容效应主导，所以，随响应频率上升而消失的电容尖峰现象和退化的电学性能应归因于栅极电容失配。显然，

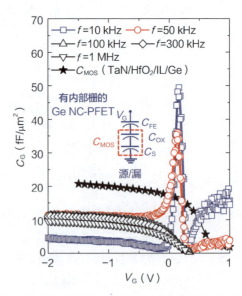

图 7.32 MFMIS 结构 NCFET 在不同频率下的 C_G-V_G 曲线

MFMIS 结构 NCFET 的电学性能严重依赖于工作频率。

MFIS 结构 NCFET 的电学性能将基于静态测试和 1 μs 脉冲方波测试展开。图 7.33 所示为 MFIS 结构 NCFET 的 I_{DS}-V_G 和 I_{DS}-V_{DS} 曲线。器件 L_G 为 12 μm。当 V_{DS}=–0.05 V 时，在栅极电压正、反向扫描过程中，脉冲测试条件下的 I_{DS}-V_G 曲线均展现出优于静态测试的亚阈值特性，正、反向扫描平均 SS 分别为 40 mV/decade 和 17 mV/decade。此外，相比静态测试结果，脉冲测试条件下的 I_{DS}-V_G 曲线中的顺时针回滞窗口仅展宽约 80 mV。图 7.33（b）同样呈现了明显的 NDR 效应。因此，在静态和脉冲测试条件下，MFIS 结构 NCFET 的电学特性同样由负电容效应主导。

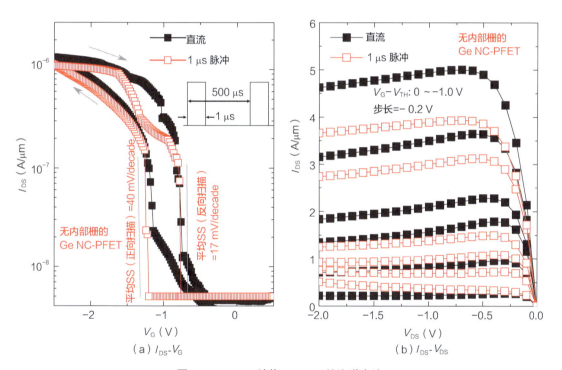

图 7.33　MFIS 结构 NCFET 的沟道电流

图 7.34 展示了小回滞 MFIS 结构 NCFET 的电学特性。器件 L_G 为 6 μm。当 V_{DS}=–0.05 V 和 –0.5 V 时，MFIS 结构 NCFET 的最小 SS 均为 29 mV/decade，其顺时针回滞窗口始终保持 110 mV。此外，I_{DS}-V_{DS} 曲线同样呈现了明显的 NDR 效应。因此，NCFET 在 MHz 量级响应频率下，器件电学特性同样由负电容效应主导。

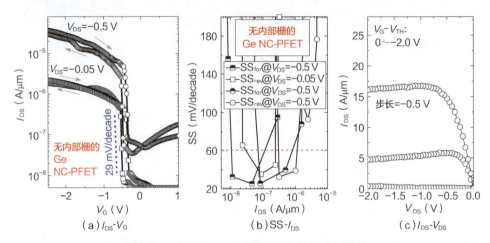

图 7.34 小回滞 MFIS 结构 NCFET 的电学特性

图 7.35 所示为 MFIS 结构 NCFET 在静态和脉冲测试条件下的回滞窗口和 SS 统计结果。当栅极电压替换为 1 μs 脉冲方波时，MFIS 结构 NCFET 的回滞特性略微衰退，但亚阈值特性略有改善。综上所述，MFIS 结构 NCFET 的电学特性呈现极弱的频率依赖性。当频率高达 1 MHz 时，MFIS 结构 NCFET 依旧实现了回滞窗口小于 110 mV、SS 小于 30 mV/decade 的优异开关特性。

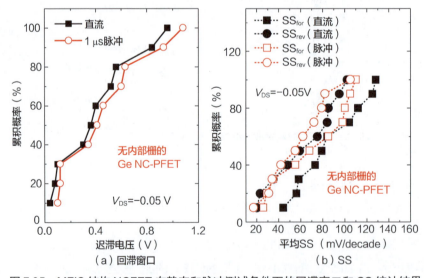

图 7.35 MFIS 结构 NCFET 在静态和脉冲测试条件下的回滞窗口和 SS 统计结果

如图 7.36 所示，测试了 MFIS 结构 NCFET 在不同频率下的 C_G-V_G 曲线。当测试频率从 30 kHz 逐步上升至 1 MHz 的过程中，C_G 电容尖峰略有下降，但在 1

MHz 频率范围内呈现的电容尖峰都很明显。此外，根据图 7.26（b）中的 TEM 图，MFIS 结构中的 SiO_2 界面钝化层厚度约为 1.8 nm。因此，计算得到的 C_{MOS} 约为 19 $fF/\mu m^2$。所以，MFIS 结构 NCFET 的电容尖峰值在 1 MHz 频率范围内均大于 C_{MOS}。综上所述，MFIS 结构 NCFET 在全频率范围内无明显衰退的电容尖峰，直接证明了其稳定的栅极电容匹配程度和负电容效应。显然，MFIS 结构可以大幅减弱 NCFET 电学性能的频率依赖性。需要说明的是，此处略微下降的电容尖峰应归因于串联电阻效应。

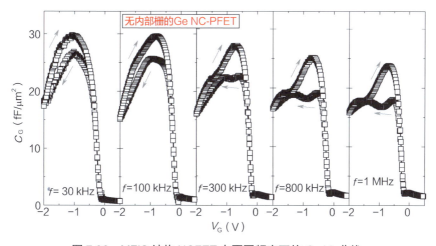

图 7.36　MFIS 结构 NCFET 在不同频率下的 C_G-V_G 曲线

此外，本章通过比较 MFMIS 和 MFIS 结构 NCFET 的 I_G-V_G 曲线发现，MFIS 结构 NCFET 具有更大的极化翻转电流通道。图 7.37 所示为 MFMIS 和 MFIS 结构 NCFET 的 I_G-V_G 曲线，HZO 铁电薄膜厚度和等效氧化层厚度几乎完全一样。因此，可以认为，相比 MFMIS 结构，MFIS 结构具有更大的极化翻转电流通道。

以上探讨了 MFMIS 和 MFIS 结构负电容器件的频率响应特性。研究表明：MFIS 得益于更稳定的电容匹配机制，可大幅降低器件频率响应特性对于铁电参数的依赖性，同时还可通过更大的极

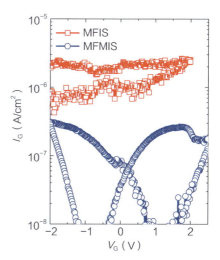

图 7.37　MFMIS 和 MFIS 结构 NCFET 的 I_G-V_G 曲线

化翻转电流通道实现更快的极化翻转。

7.2.3 电路应用频率响应特性

研究表明，铁电材料极化翻转极限可突破亚纳秒量级，MFIS 结构 NCFET 可驱使负电容效应及器件实现 GHz 量级的高频响应。为明确负电容器件的电路应用频率响应特性，加利福尼亚大学伯克利分校与格芯公司展开合作，基于 14 nm 三维鳍式负电容场效应晶体管工艺线，从实验上探索了负电容器件振荡电路的频率响应特性。

该工作基于实验制备表征和理论计算相互反馈的形式展开。图 7.38（a）所示为基于 3 nm HSO 铁电薄膜制备的三维鳍式负电容场效应晶体管（NC-FinFET）与对照器件的转移特性曲线。得益于极化电荷与外加电场的负斜率响应关系，铁电电容呈现为负电容状态。此时，器件可获得优于对照器件的沟道表面电势变化率以及陡峭 SS 特性，如图 7.38（b）中的 AB 段所示。当器件工作点逐步过渡到图 7.38（b）中的 BC 段时，极化电荷响应速率放缓且铁电电容分压为负，导致亚阈值特性衰退，但仍可获得增大的沟道表面电势和工作电流。随着栅极电压继续增大，器件工作点逐步脱离 BC 段，此时的极化电荷响应速率受到抑制且铁电电容分压为正，因而导致了亚阈值特性和工作电流的双重衰退。图 7.39 展示了 NC-FinFET 的实验测试曲线和紧凑模型计算曲线。相关结果在各漏极偏置条件下均可实现"完美匹配"，证实了紧凑模型的有效性。

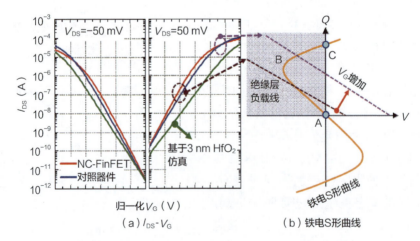

图 7.38　MFMIS 和 MFIS 结构 NCFET 的 I_{DS}-V_G 曲线和铁电 S 形曲线

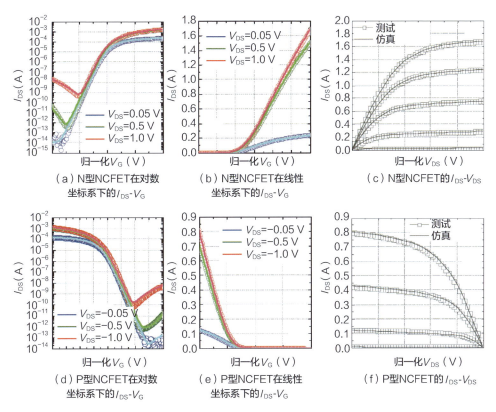

图 7.39 负电容器件的实验测试曲线和紧凑模型计算曲线

基于上述实验结果和紧凑模型,继续开展了基于 NCFET 的反相器串联振荡电路频率响应特性的研究。图 7.40(a) 所示为实验测试所得的 N/P 型 NCFET 的转移特性曲线。实验目的在于确保器件振荡电路工作于有效的负电容区域即图 7.38(b) 中的 AB 段,从而明确工作电压范围。图 7.40(b) 所示为小电压工作条件下,振荡电路的仿真和实验结果,再次确认了紧凑模型的可靠性。为明确大电压条件下紧凑模型的有效性,图 7.41 给出了负电容器件振荡电路的驱动电流、有效电容和有效电阻的对比结果。结果表明,在工作电压上升过程中,仿真结果与实验结果表现出高度的一致性。图 7.42 所示为负电容器件振荡电路频率响应特性的实验结果和仿真结果,二者均给出约 8.5 ps 的超快响应结果,且在全工作电压范围内表现出高度的一致性。随后,该工作通过倍增负电容器件沟道鳍数目,获得增大的沟道面积及导通电流,从而进一步探索负电容器件振荡电路的高频响应极限。如图 7.43 所示,当 NC-FinFET 沟道面积增大一倍时,其振荡电路延时由 8.5 ps 下降至 7.2 ps。

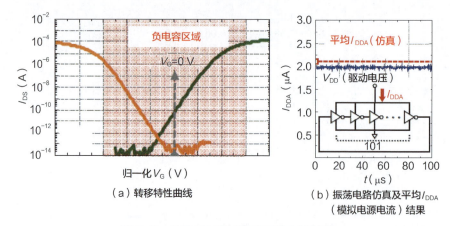

（a）转移特性曲线

（b）振荡电路仿真及平均 I_{DDA}（模拟电源电流）结果

图 7.40　基于 N/P 型 NCFET 的实验结果

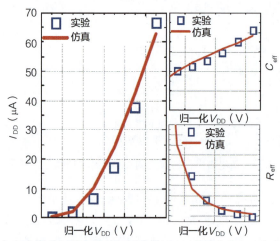

图 7.41　负电容器件振荡电路的驱动电流 I_{DD}、有效电容 C_{eff} 和有效电阻 R_{eff}

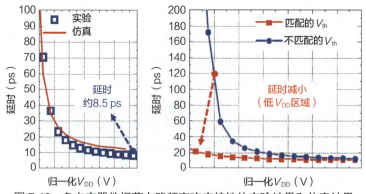

图 7.42　负电容器件振荡电路频率响应特性的实验结果和仿真结果

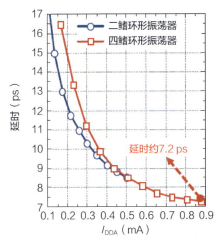

图 7.43 具有不同沟道面积的 NC-FinFET 的振荡电路延时

综上所述，7.2.3 节通过器件制备、电路测试及模型仿真深入探索了负电容器件振荡电路频率响应极限。基于格芯 14 nm NC-FinFET 工艺线制备的负电容器件振荡电路，响应延时可低至 7.2 ps，直接证实了负电容器件的高频应用前景。

7.3 本章小结

本章针对 NCFET 的实际应用需求，对其频率响应特性展开深入讨论。通过对比负电容器件与传统场效应晶体管的结构异同，明确负电容器件实现高频响应特性的关键限制因素在于铁电材料极化翻转和负电容效应的频率响应特性。针对上述两方面的主要研究进展如下。

（1）针对铁电材料本征延时，加利福尼亚大学伯克利分校 Salahuddin 教授团队首创铁电电容-电阻延时评估系统，预测 PZT 铁电薄膜极化响应延时可低至 19.9 ns。随后，普渡大学 Peide D. Ye 教授团队搭建了亚纳秒铁电电容快速测试系统，对与硅基 CMOS 工艺兼容的氧化铪基铁电薄膜频率响应特性展开研究。实验结果表明，氧化铪基铁电薄膜极化响应延时可以低至 360 ps，可满足 NC-FinFET 及其逻辑应用需求。

（2）针对铁电负电容器件频率响应特性，东京大学 Kobayashi 教授团队首先基于 SPICE 平台仿真，明确负电容效应频率响应特性的优化可以通过选取具有更小黏滞系数的铁电材料实现。随后，考虑到氧化铪基铁电薄膜本征特性参数的局限性，西安电子科技大学韩根全教授团队从器件结构角度证实 MFIS 结构更适用于高频响应负电容器件。此外，为明确器件的电路应用频率响应特性，加利福尼亚大学伯克利分校和格芯公司，基于 14 nm NC-FinFET 工艺线实验制备了负电容器件振荡电路，获得了低至 7.2 ps 的响应延时。

综上所述，本章从铁电材料极化翻转和负电容效应的频率响应特性这两个方面对负电容器件频率响应特性展开了讨论，系统阐明了 NCFET 实现高频响应特性的可行性。

参考文献

[1] IONESCU A. Negative capacitance gives a positive boost[J]. Nature Nanotechnology, 2018, 13(1): 7-8.

[2] ZHIRNOV V, CAVIN R. Negative capacitance to the rescue?[J]. Nature Nanotechnology, 2008, 3(2): 77-78.

[3] THEIS T N, SOLOMON P M. It's time to reinvent the transistor![J]. Science, 2010, 327(5973): 1600-1601.

[4] SALVATORE G, BOUVET D, IONESCU A. Demonstration of subthrehold swing smaller than 60 mV/decade in Fe-FET with P(VDF-TrFE)/SiO$_2$ gate stack[C]//2018 IEEE International Electron Devices Meeting. IEEE, 2008: 1-4.

[5] KRIVOKAPIC Z, RANA U, GALATAGE R, et al. 14nm ferroelectric FinFET technology with steep subthreshold slope for ultra low power applications[C]. IEEE Electron Devices Meeting, 2017: 357-360.

[6] KHAN A, CHATTERJEE K, WANG B, et al. Negative capacitance in a ferroelectric capacitor[J]. Nature Material, 2015, 14(2): 182-186.

[7] ZHOU J, HAN G, LI Q, et al. Ferroelectric HfZrO$_x$ Ge and GeSn PMOSFETs with sub-60 mV/decade subthreshold swing, negligible hysteresis, and improved I_{DS}[C]//2016 IEEE International Electron Devices Meeting (IEDM). IEEE, 2016: 310-313.

[8] CATALAN G, JIMENEZ D, GRUVERMAN A. Negative capacitance detected[J].Nature Material, 2015, 14(2): 137-139.

[9] RUSU A, SALVATORE G, JIMÉNEZ D, et al. Metal-ferroelectric-metal-oxide-semiconductor field effect transistor with sub-60 mV/decade subthreshold swing and internal voltage amplification[C]//2010 International Electron Devices Meeting. IEEE, 2010: 395-398.

[10] ZHOU J, HAN G, LI J, et al. Comparative study of negative capacitance Ge pFETs with HfZrO$_x$ partially and fully covering gate region[J]. IEEE Transactions on Electron Devices, 2017, 64(12): 4838-4843.

[11] SAEIDI A, JAZAERI F, BELLANDO F, et al. Negative capacitance field effect transistors; capacitance matching and non-hysteretic operation[C]//2017 47th European Solid-State Device Research Conference (ESSDERC). IEEE, 2017: 78-81.

[12] LI K, CHEN P, LAI T, et al. Sub-60mV-swing negative-capacitance FinFET without hysteresis[C]//2015 IEEE International Electron Devices Meeting (IEDM). IEEE, 2015: 620-623.

[13] LEE M, CHEN P, LIU C, et al. Prospects for ferroelectric HfZrO$_x$ FETs with experimentally CET=0.98 nm, SS_{for}=42 mV/decade, SS_{rev}=28 mV/decade, switch-off <0.2 V, and hysteresis-free strategies[C]. IEEE Electron Devices Meeting, 2015.

[14] LIN C, KHAN A, SALAHUDDIN S, et al. Effects of the variation of ferroelectric properties on negative capacitance fet characteristics[J]. IEEE Transactions on Electron Devices, 2016, 63(5): 2197-2199.

[15] JO J, SHIN C. Negative capacitance field effect transistor with hysteresis-free sub-60-mV/decade switching[J]. IEEE Electron Device Letters, 2016, 37(3): 245-248.

[16] ZHOU J, HAN G, PENG Y, et al. Ferroelectric negative capacitance GeSn PFETs with sub-20 mV/decade subthreshold swing[J]. IEEE Electron Device Letters, 2017, 38(8): 1157-1160.

[17] CHUNG W, SI M, YE P. Hysteresis-free negative capacitance germanium CMOS FinFETs with Bi-directional sub-60 mV/decade[C]//2017 IEEE International Electron Devices Meeting (IEDM). IEEE, 2017.

[18] ZHOU J, PENG Y, HAN G, et al. Hysteresis reduction in negative capacitance Ge PFETs enabled by modulating ferroelectric properties in HfZrO$_x$[J]. IEEE Journal of the Electron Devices Society, 2018(6): 41-48.

[19] ZHANG Z, XU G, ZHANG Q, et al. FinFET with improved subthreshold swing and drain current using 3 nm ferroelectric Hf$_{0.5}$Zr$_{0.5}$O$_2$[J]. IEEE Electron Device Letters, 2019, 40(3): 367-370.

[20] LI J, ZHOU J, HAN G, et al. Negative capacitance Ge PFETs for performance improvement: impact of thickness of HfZrO$_x$[J]. IEEE Transactions on Electron Devices, 2018, 65(3): 1217-1222.

[21] PAHWA G, DUTTA T, AGARWAL A, et al. Analysis and compact modeling of negative capacitance transistor with high on-current and negative output differential resistance-part II: model validation[J]. IEEE Transactions on Electron Devices, 2016, 63(12): 4986-4992.

[22] GUPTA S, STEINER M, AZIZ A, et al. Device-circuit analysis of ferroelectric FETs for low-

power logic[J]. IEEE Transactions on Electron Devices, 2017, 64(8): 3092-3100.

[23] DUTTA T, PAHWA G, TRIVEDI A, et al. Performance evaluation of 7-nm node negative capacitance FinFET-based SRAM[J]. IEEE Electron Device Letters, 2017, 38(8): 1161-1164.

[24] LI Y, KANG Y, GONG X. Evaluation of negative capacitance ferroelectric MOSFET for analog circuit applications[J]. IEEE Transactions on Electron Devices, 2017, 64(10): 4317-4321.

[25] ZHOU J, HAN G, LI J, et al. Negative differential resistance in negative capacitance FETs[J]. IEEE Electron Device Letters, 2018, 39(4): 622-625.

[26] CHUNG W, SI M, SHRESTHA P R, et al. First direct experimental studies of $Hf_{0.5}Zr_{0.5}O_2$ ferroelectric polarization switching down to 100-picosecond in sub-60mV/decade germanium ferroelectric nanowire FETs[C]//2018 IEEE Symposium on VLSI Technology. IEEE, 2018: 89-90.

[27] YURCHUK E, MÜLLER J, PAUL J, et al. Impact of scaling on the performance of HfO_2-based ferroelectric field effect transistors[J]. IEEE Transactions on Electron Devices, 2014, 61(11): 3699-3706.

[28] YOO H, KIM J, ZHU Z, et al. Engineering of ferroelectric switching speed in Si doped HfO_2 for high-speed 1T-FERAM application[C]//2017 IEEE International Electron Devices Meeting (IEDM). IEEE, 2017.

[29] DÜNkel S, TRENTZSCH M, RICHTER R, et al. A FeFET based super-low-power ultra-fast embedded NVM technology for 22nm FDSOI and beyond[C]//2017 IEEE International Electron Devices Meeting (IEDM). IEEE, 2017.

[30] ALESSANDRI C, PANDEY P, ABUSLEME A, et al. Switching dynamics of ferroelectric Zr-doped HfO_2[J]. IEEE Electron Device Letters, 2018, 39(11): 1780-1783.

[31] LYU X, SI M, SUN X, et al. Ferroelectric and anti-ferroelectric hafnium zirconium oxide: scaling limit, switching speed and record high polarization density[C]//2019 Symposium on VLSI Technology. Piscatway, USA: IEEE, 2019.

[32] LIAO J, ZENG B, SUN Q, et al. Grain size engineering of ferroelectric Zr-doped HfO_2 for the highly scaled devices applications[J]. IEEE Electron Device Letters, 2019, 40(11): 1868-1871.

[33] PARK M, LEE Y, KIM H, et al. Surface and grain boundary energy as the key enabler of ferroelectricity in nanoscale hafnia-zirconia: a comparison of model and experiment[J].

Nanoscale, 2017, 9(28): 9973-9986.

[34] BÖSCKE T, MÜLLER J, BRÄUHAUS D, et al. Ferroelectricity in hafnium oxide thin films[J]. Applied Physics Letters, 2011, 99(10): 102903.

[35] SAHA A, DATTA S, GUPTA S. "Negative capacitance" in resistor-ferroelectric and ferroelectric-dielectric networks: apparent or intrinsic?[J]. Journal of Applied Physics, 2018, 123(10): 105102.

[36] KHAN A, RADHAKRISHNA U, CHATTERJEE K, et al. Negative capacitance behavior in a leaky ferroelectric[J]. IEEE Transactions on Electron Devices, 2016, 63(11): 4416-4422.

[37] KOBAYASHI M, UEYAMA N, JANG K, et al. Experimental study on polarization-limited operation speed of negative capacitance FET with ferroelectric HfO_2[C]//2016 IEEE International Electron Devices Meeting (IEDM). IEEE, 2016.

[38] HOFFMANN M, PEŠIĆ M, SLESAZECK S, et al. Modeling and design considerations for negative capacitance field-effect transistors[C]//2017 Joint International EUROSOI Workshop and International Conference on Ultimate Integration on Silicon (EUROSOI-UIS). IEEE, 2017: 1-4.

[39] HOFFMANN M, PEŠIĆ M, SLESAZECK S, et al. On the stabilization of ferroelectric negative capacitance in nanoscale devices[J]. Nanoscale, 2018, 10(23): 10891-10899.

[40] PAHWA G, DUTTA T, AGARWAL A, et al. Compact model for ferroelectric negative capacitance transistor with MFIS structure[J]. IEEE Transactions on Electron Devices, 2017, 64(3): 1366-1374.

[41] KHAN A, YEUNG C, HU C, et al. Ferroelectric negative capacitance MOSFET: capacitance tuning & antiferroelectric operation[C]//2011 International Electron Devices Meeting. IEEE, 2011.

[42] YEUNG C, KHAN A, SALAHUDDIN S, et al. Device design considerations for ultra-thin body non-hysteretic negative capacitance FETs[C]//2013 Third Berkeley Symposium on Energy Efficient Electronic Systems (E3S). IEEE, 2013: 1-2.

[43] YEUNG C. Steep on/off transistors for future low power electronics[D]. Berkeley: University of California, 2014.

[44] SAHA A, SHARMA P, DABO I, et al. Ferroelectric transistor model based on self-consistent solution of 2D Poisson's, non-equilibrium Green's function and multi-domain Landau Khalatnikov equations[C]//2017 IEEE International Electron Devices Meeting. IEEE, 2017.

[45] ALESSANDRI C, PANDEY P, SEABAUGH A. Experimentally validated, predictive monte carlo

modeling of ferroelectric dynamics and variability[C]//2018 IEEE International Electron Devices Meeting (IEDM). IEEE, 2018.

[46] MULAOSMANOVIC H, SLESAZECK S, OCKER J, et al. Evidence of single domain switching in hafnium oxide based FeFETs: enabler for multi-level FeFET memory cells[C]//2015 IEEE International Electron Devices Meeting (IEDM). IEEE, 2015.

[47] JERRY M, SMITH J, NI K, et al. Insights on the DC characterization of ferroelectric field-effect-transistors[C]//2018 76th Device Research Conference (DRC). IEEE, 2018: 1-2.

[48] JIMENEZ D, MIRANDA E, GODOY A. Analytic model for the surface potential and drain current in negative capacitance field-effect transistors[J]. IEEE Transactions on Electron Devices, 2010, 57(10): 2405-2409.

第8章 铁电负电容效应机理研究

2008年，针对现代集成电路产业对低功耗逻辑器件的需求，Salahuddin教授基于描述铁电材料极化特性的L-K理论提出了铁电负电容效应及负电容场效应晶体管的概念，实质在于利用铁电材料极化电荷与偏置电压的负相关关系，实现能量和电荷的转移性应用，从而实现陡峭SS和增强的开态电流。负电容效应提出后，针对其存在性和本质的问题众说纷纭。为此，学术界针对上述问题开展了系列研究。本章将针对负电容效应存在性和本质的研究进展展开论述。

8.1 铁电负电容效应存在性研究

铁电负电容效应概念源于L-K理论，其所述的电荷与电压的负相关关系异于传统电容特性，且从未被直接观测到，因而其存在性备受争议。8.1节将阐述近年来关于负电容效应存在性的相关论证，主要内容包括：

（1）2015年，加利福尼亚大学伯克利分校Salahuddin教授及其博士研究生首次直接证实了铁电材料产生负电容效应的能力；

（2）2019年，Salahuddin教授在铁电材料畴壁区域观测到了极化电荷与偏置电场之间的负相关关系；

（3）2019年，德国NaMLab基于极化电荷瞬态响应测试方法和实验制备的金属-铁电-绝缘体-金属（Metal-Ferroelectric-Insulator-Metal，MFIM）结构，首次从实验上测得S形极化响应曲线。

基于电容（C）-能量（U）关系式 $U=Q_F^2/2C$，电容还可以被定义为 $C=dQ_F^2/d^2U$。所以，负电容可定义为 $dQ_F/dV<0$ 的电荷（Q_F）-电压（V）关系或者 $dQ_F^2/d^2U<0$ 的电荷-能量关系。图8.1为铁电材料能量图[1]。对于铁电材料，电容仅在 $Q_F=0$ 附近的势垒区域为负，如图8.1（a）所示。从初始状态 P 点开始，当在铁电电容器上施加电压时，能量分布发生倾斜，极化状态将移动至稳定极化状态（能量极小值）。图8.1（b）给出了外加电压小于矫顽电压 V_c 时的能量演变。当电压大于 V_c 时，其中一个能量极小值消失，Q_F 移动到能量图的另一个能量极小值位置处，如图8.1（c）所示，即材料通过了 $C=dQ_F^2/d^2U<0$ 的区域。因此，

当铁电极化状态从一个稳定极化状态切换到另一个稳定极化状态时，认为铁电材料通过了负电容区域。

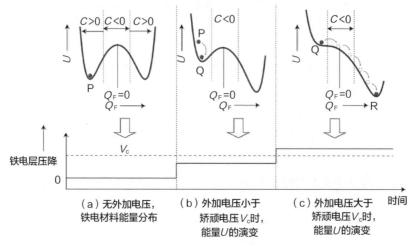

图 8.1 铁电材料能量图

为证明上述观点，2015 年，Salahuddin 教授团队构建铁电电阻 - 电容（Resistor-Capacitor，R-C）串联系统，并通过监控流经电阻的电流和电容，获得铁电电容极化电荷和电压的响应关系。

铁电体和寄生电容器在给定时间 t 内的总电荷 $Q(t)$ 满足式（8-1），铁电电容器上的电荷 $Q_F(t)$ 满足式（8-2）。其中，I_R 是流经电阻的电流，V_F 是通过铁电电容器测得的电压。

$$Q(t) = \int_0^t I_R(t) \mathrm{d}t \tag{8-1}$$

$$Q_F(t) = Q(t) - CV_F(t) \tag{8-2}$$

图 8.2 显示了对应交流电压脉冲 V_S 的 V_F、I_R 和 Q 的瞬态响应，输入的交流电压脉冲序列大于矫顽电压。当 V_S 从 –5.4 V 变为 +5.4 V，V_F 先跃迁至 A 点后再降至 B 点。在同一时间段 AB，I_R 为正值，Q 增大，即 $\mathrm{d}Q/\mathrm{d}V_F$ 在 AB 时间段为负值，铁电极化正在通过不稳定状态。对于图 8.2 中的 CD 时间段，在 V_S 从 +5.4 V 变为 –5.4 V 之后，观察到类似的负电容特征。铁电电容器的极化强度 $P(t)=Q_F(t)/A$（A 为电容器面积），在图 8.3 中绘制 $P(t)$-$V_F(t)$ 曲线，对于 AB 和 CD 时间段，曲线斜率为负，即这些区域的电容均为负值。而当输入交流电压脉冲序列小于矫顽电压时，并不会出现上述现象，如图 8.4 所示。

第 8 章 铁电负电容效应机理研究

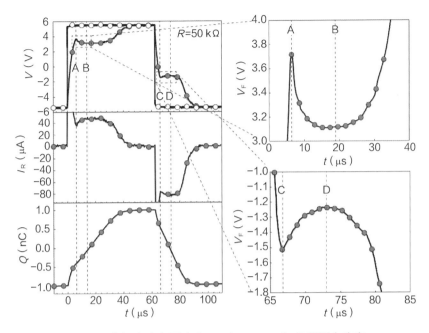

图 8.2 施加交流电压脉冲 V_S 时,V_F、I_R 和 Q 的瞬态响应
(空心符号代表交流电压脉冲曲线,实心符号代表瞬态响应曲线)

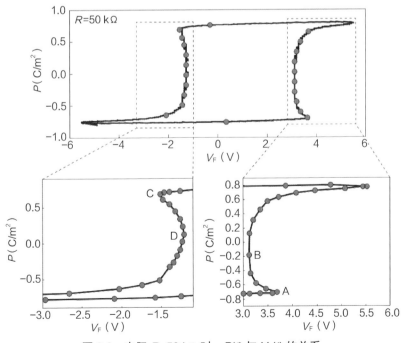

图 8.3 电阻 R=50 kΩ 时,$P(t)$ 与 $V_F(t)$ 的关系

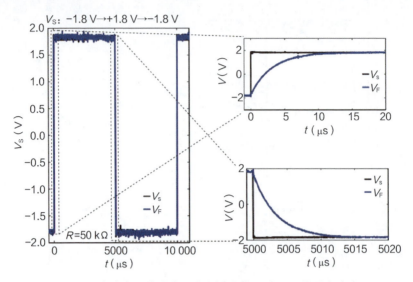

图 8.4 交流电压脉冲序列小于矫顽电压时，V_F 的瞬态响应

用不同振幅的交流电压脉冲和不同串联电阻值进行实验，发现 $P(t)$-$V_F(t)$ 关系在本质上是相似的，如图 8.5 所示。

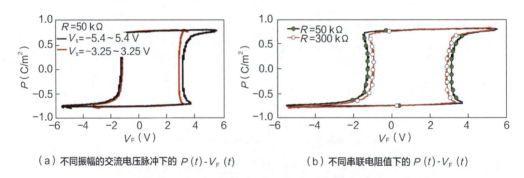

（a）不同振幅的交流电压脉冲下的 $P(t)$-$V_F(t)$　　　（b）不同串联电阻值下的 $P(t)$-$V_F(t)$

图 8.5 不同振幅的交流电压脉冲和不同串联电阻值下的 $P(t)$-$V_F(t)$ 曲线

接下来进行动态模拟仿真，模拟的实验电路基于 L-K 方程：

$$\rho \frac{\mathrm{d}Q_F}{\mathrm{d}t} = -\frac{\mathrm{d}U}{\mathrm{d}Q_F} \tag{8-3}$$

其中，$U = \alpha Q_F^2 + \beta Q_F^4 + \gamma Q_F^6 - Q_F V_F$。$\alpha$、$\beta$ 和 γ 是各向异性常数，ρ 是与材料相关的黏滞系数。基于式（8-3）得到 V_F：

$$V_F = \frac{Q_F}{C_F(Q_F)} + \rho \frac{\mathrm{d}Q_F}{\mathrm{d}t} \tag{8-4}$$

其中，$C_F(Q_F)=(2\alpha Q_F+4\beta Q_F^3+6\gamma Q_F^5)^{-1}$。从式（8-4）中可以看到，铁电电容器的等效电路由内部电阻器和串联的非线性电容器组成。将 $Q_F/C_F(Q_F)$ 视作内部铁电节点电压 V_{int}。图 8.6（a）显示了模拟仿真 R-C 串联系统的等效电路。图 8.6（b）显示了 $R=50$ kΩ、$\rho=50$ kΩ，V_S 为 –14 V → +14 V → –14 V 时对应的 V_S、V_F、V_{int}、I_R 和 Q 的瞬态响应。在图 8.6（b）中，在 AB 和 CD 时间段，V_F 和 Q 的变化趋势相反，图 8.7（a）中的 P-V_F 曲线是滞后的。由于 $V_F=V_{int}+I_F\rho$，I_F 是通过铁电分支的电流，附加电阻电压降 $I_F\rho$ 会导致 P-V_F 曲线出现滞后。从图 8.7（a）可以清楚地看出，AB 和 CD 时间段中的 P-V_F 曲线呈现负斜率，说明该时间段内的 C_F 为负值。

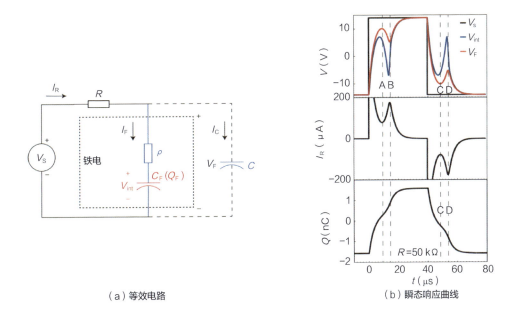

（a）等效电路　　　　　　　　　　（b）瞬态响应曲线

图 8.6　模拟仿真 R-C 串联系统的等效电路及瞬态响应曲线

图 8.7（b）仿真了 $R=50$ kΩ 及 $R=300$ kΩ 时的 P-V_F 曲线，对于较小的 R 值，P-V_F 曲线的回滞较宽。这是因为，对于较大的 R 值，通过铁电分支的电流较小，导致电阻器上的电压降较小。通过比较相同电压脉冲下基于不同 R 值的 P-V_F 曲线，可以提取 ρ：$\rho(P)=[V_{F1}(P)-V_{F2}(P)]/[I_{F1}(P)-I_{F2}(P)]$。指数 1 和 2 表示 R 的两个不同值。ρ 的平均值随着外加电压振幅的增大而减小，而 $|C_{FE}|$ 平均值在 400～500 pF 范围内保持稳定，如图 8.8 所示。

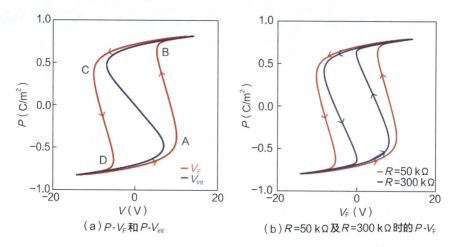

图 8.7 $P\text{-}V_F$ 和 $P\text{-}V_{int}$ 曲线对比及不同电阻值下的 $P\text{-}V_F$ 曲线

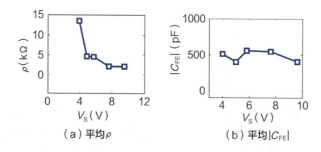

图 8.8 不同外加电压振幅下的平均 ρ 和平均 $|C_{FE}|$

综上所述,Salahuddin 教授团队通过设计 R-C 监测网络,首次直接证实了铁电材料产生负电容效应的能力。

除了电荷-电压和电荷-能量关系,负电容还可以通过其他方式表述。当铁电材料转变为铁电相时会呈现稳定的极化状态,对应其自由能(G)图中的极小值位置,如图 8.9(a)中的 A 和 B。在该稳定状态下,自由能的曲率为正,即 $\partial^2 G/\partial D^2 > 0$,表示介电常数为正值 $[\varepsilon \propto (\partial^2 G/\partial D^2)^{-1}]$,$D$ 是电位移。平衡状态被曲率为负($\partial^2 G/\partial D^2 < 0$)的区域分隔开,从而定义负介电常数区域,如图 8.9(a)、图 8.9(b)中的 H 和 K 之间的区域[2],即负电容区域。通过在双阱结构上添加正常电介质的抛物线能量分布,可以稳定处于负介电常数区域的铁电体,如图 8.9(b)所示。然而,在物理系统中,电容始终为正,这意味着只能通过观察电容增强现象间接探测负电容[3-5]。为探测负电容的状态,需要局部测量材料内部的极化状态和电场。此外,双阱概念仅代表单域场景。因此,研究多域场

景下的变化趋势是非常必要的。

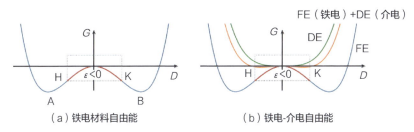

(a) 铁电材料自由能
(b) 铁电-介电自由能

图 8.9　自由能示意

使用 SrTiO₃/PbTiO₃ 超晶格作为铁电-介电异质结构模型系统，其中，负电容状态有望稳定在平衡状态。用 STEM[6-8] 对 (SrTiO₃)₁₂/(PbTiO₃)₁₂ 超晶格结构进行详细测量，从具有原子级分辨率的 STEM 图[8-10] 中提取极性原子位移矢量（极化矢量）（P_{PD}），得到顺时针和逆时针旋转的极化矢量图，如图 8.10(a) 所示。当绘制与图 8.10(a) 相对应的极化矢量振幅（|P_{PD}|）的二维图像时，旋涡核心附近的极化抑制变得更加明显，如图 8.10(b) 所示。在这些受到极化抑制的区域，预计材料将处于高能量态，这些旋涡核心的介电常数应为负值。

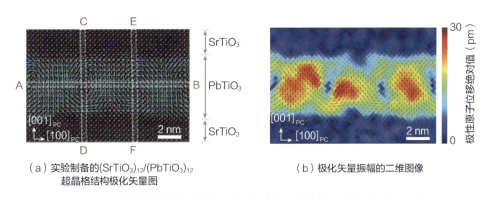

(a) 实验制备的 (SrTiO₃)₁₂/(PbTiO₃)₁₂
超晶格结构极化矢量图
(b) 极化矢量振幅的二维图像

图 8.10　超晶格结构极化矢量图及其对应的极化矢量振幅的二维图像

为验证上述假设，2019 年，Salahuddin 教授团队将 STEM 与电子显微镜像素阵列探测器（Electron Microscope Pixel-Array Detector，EMPAD）[8] 结合使用，并结合相场模拟和基于第一性原理的模拟结果，确定了铁电材料中负电容状态稳定存在的局部区域，实现了铁电-介电异质结构中稳态负电容的观测[11]。

具体步骤如下。

（1）探测超晶格中的极化场，如图 8.11(a) 所示。

(2) 重建局部宏观电场，如图 8.11（b）所示。

(3) 获得极化强度和电场强度的 z 分量，如图 8.11（c）所示。图 8.10（a）中的 A-B 大致穿过铁电层的中间，受界面的偏移量影响最小。此外，沿着这条线，极化强度和电场强度的 x 分量可以忽略不计，因此，可以只看 z 分量。

(4) 原子电位移 $D_z=\varepsilon_0$（真空介电常数）E_z+P_z，自由能 $G \approx \int E_z dD_z$，在 D_z 较小的区域，$\partial^2 G/\partial D_z^2 < 0$，因此，极化强度和电场强度的空间映射给出了稳定状态下铁电体的局部负电容区域。图 8.11（d）给出了沿 x 方向的局部能量密度的映射。

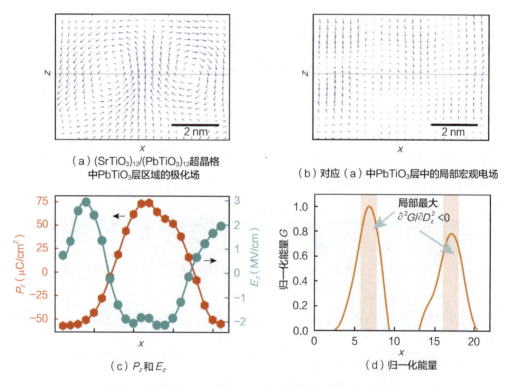

（a）$(SrTiO_3)_{12}/(PbTiO_3)_{12}$ 超晶格中 $PbTiO_3$ 层区域的极化场

（b）对应（a）中 $PbTiO_3$ 层中的局部宏观电场

（c）P_z 和 E_z

（d）归一化能量

图 8.11　铁电-介电异质结构中稳态负电容的观测实验

目前，虽然 EMPAD 测量无法在外部施加电场的情况下进行，但考虑到在电容器测量中，外部施加的偏置电压非常小，可假设为小扰动，从而估计旋涡核心附近的介电常数。如图 8.12 所示，研究者以这种方式在旋涡核心周围发现了负介电常数存在区域。这些来自实验测量的估计通过相场模拟和第一性原理计算进行验证。图 8.13（a）所示为根据相场模拟预测的 P_z 和 E_z 的变化，图 8.13（c）所示为对应图 8.13（a）的第一性原理计算结果。如图 8.13（b）、图 8.13（d）所示，旋涡核心附近区域的介电常数为负值。此外，图 8.14 所示的第一性原理计算的局部能量密度的完整二维映射表明，负介电常数出现在能量密度较高的区域，与图 8.11（d）中的实验估计结果完全相同。最后，测量这些超晶格的宏观电容。图 8.15 表明，与组分 $SrTiO_3$ 的电容相比，超晶格电容增大了 2.7 倍，说明负电容状态是稳定的。

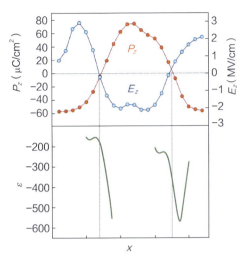

图 8.12　局部介电常数分布

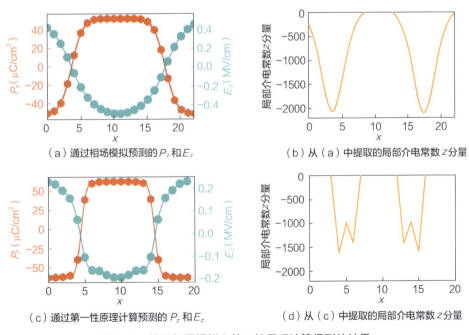

（a）通过相场模拟预测的 P_z 和 E_z

（b）从（a）中提取的局部介电常数 z 分量

（c）通过第一性原理计算预测的 P_z 和 E_z

（d）从（c）中提取的局部介电常数 z 分量

图 8.13　使用相场模拟和第一性原理计算得到的结果

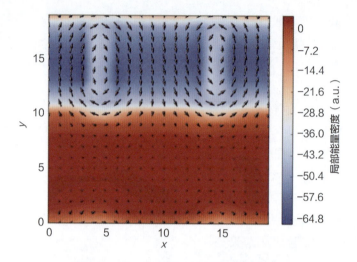

图 8.14　第一性原理计算的局部能量密度

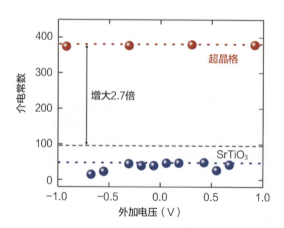

图 8.15　实验测量的介电常数随电压的变化

综上所述，Salahuddin 教授团队的这项工作通过映射得到了旋涡核心附近的极化强度和电场强度，使得局部能量密度能够被估算，从而获得局部介电常数。由于旋涡可以形成畴壁，畴壁可以抑制极化，极化抑制的区域出现负电容，所以，涡流导致负电容的出现。另外，从这项工作中可以获得一个关键的结论：在多畴系统中，负电容出现在畴壁上，并且可以通过工程化手段增加或减少畴壁的系统能量以控制负电容稳定性。

2019 年，德国 NaMLab 针对负电容效应的存在性展开了铁电材料极化电荷瞬态响应表征，希望通过负电容效应独特的 S 形极化响应曲线证实负电容效应的存在性[12]。该实验先制备并表征金属-铁电-金属（Metal-Ferroelectric-Metal，MFM）电容器，以确认所使用的 HZO 薄膜存在铁电性。图 8.16（a）所示为一个典型的铁电 P-E_F 电滞回线，剩余极化强度 P_r 约为 17 μC/cm^2，矫顽场强度 E_c 约为 1.2 MV/cm。图 8.16（b）所示的多晶 HZO 薄膜的 GIXRD 图谱证实了顺电四方相和铁电正交相的存在，只有一小部分单斜相［见图 8.16（c）中 HfO$_2$ 的参考衍射图］存在。图 8.16（d）所示的典型蝴蝶形 C-V 双扫曲线进一步证实了 HZO 薄膜的铁电性。

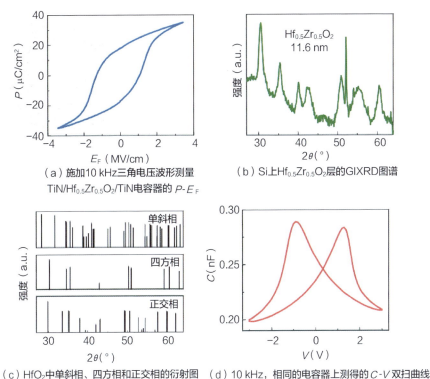

（a）施加10 kHz三角电压波形测量 TiN/Hf$_{0.5}$Zr$_{0.5}$O$_2$/TiN电容器的 P-E_F
（b）Si上Hf$_{0.5}$Zr$_{0.5}$O$_2$层的GIXRD图谱
（c）HfO$_2$中单斜相、四方相和正交相的衍射图
（d）10 kHz，相同的电容器上测得的 C-V 双扫曲线

图 8.16 基于 HZO 薄膜的 MFM 电容器的电学特性曲线

注：E_F 为铁电层电场。

比较图 8.16（a）中的实验 P-E_F 曲线与理论 P-E_F 曲线发现，在标准 P-E_F 滞后曲线中无法观察到负电容行为，负 dP/dE_F 区域只反映为极陡的极化斜率，而不是 S 形曲线。此外，通过金属电极屏蔽极化的速度远远快于测量速度[13-14]。考虑到铁电体中负 dP/dE_F 区域的额外电压降，为了在瞬态测量中对负电容区域进行实验观察，就需要添加串联电阻器或介电电容器[13,15-16]。然而，此类串联元件只能暂时减

缓屏蔽电荷的供应过程。因此，铁电体在测量过程中仍将翻转，从而导致 P-E_F 曲线出现滞后。有人提出，添加与铁电体直接接触的介电层可以减弱自由电荷载流子对极化电荷的直接屏蔽，从而可以暂时观察到负电容区域并且没有滞后[14]。在这种异质结构中，需要足够快的测量速度，以确保没有电荷注入铁电-电介质界面，否则将再次出现由极化电荷屏蔽导致的滞后现象[14,17]。还有一个问题是，长时间施加高电场时电介质层发生的电气击穿。因此，必须进行脉冲充电电压测量，相应的测量装置如图8.17(a)所示。

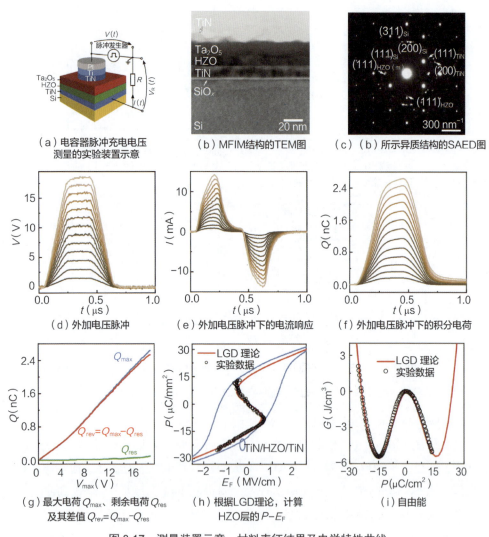

图 8.17 测量装置示意、材料表征结果及电学特性曲线

为了获得 S 形的 P-E_F 曲线，NaMLab 制作了 MFIM 电容器，HZO 铁电层的生长方式与图 8.16 中 MFM 电容器中的生长方式相同，绝缘层使用 Ta_2O_5。图 8.17（b）显示了 MFIM 结构的 TEM 图，以确认各个层的膜厚。图 8.17（c）中的选区电子衍射（Selected Area Electron Diffraction，SAED）图证实 HZO 层为多晶，含有部分铁电正交相和顺电单斜相。TEM 图和 SAED 图均证明 Ta_2O_5 层为非晶态。将脉冲发生器和示波器连接到 MFIM 电容器上，施加电压脉冲 V，同时测量电流 I。通过将该电流对时间积分，计算电容器上的电荷。

如图 8.17（d）所示，向电容器施加振幅逐渐增大的短电压脉冲（宽度 <500 ns）。测量的电流和积分电荷随时间的变化分别如图 8.17（e）和图 8.17（f）所示。研究者在图 8.17（f）中的瞬态电荷中，为每个电压脉冲提取了 3 种重要电荷：电容器上存储的最大电荷 Q_{max}；施加电压再次为零时电容器上的剩余电荷 Q_{res}；Q_{max} 和 Q_{res} 之间的差值，即电容器上可逆存储和释放的电荷 Q_{rev}。Q_{rev} 对于应用非常重要，因为它决定了有效电容大小。图 8.17（g）中显示了 3 种电荷 Q_{max}、Q_{res} 和 Q_{rev} 的变化，它们是电容器电压 V_{max} 的函数。当脉冲振幅约为 5 V 时，Q_{rev}-V_{max} 曲线的斜率 dQ_{rev}/dV_{max}（对应电容）大致恒定。脉冲振幅越大，曲线斜率越大，电容也越大。

假设 Ta_2O_5 层的电容是常数，可以计算铁电层中的电场以及图 8.17（h）所示的 P-E_F 关系。P-E_F 曲线呈现 LGD 理论预测的明显的 S 形。实际上，测量结果可以用简单的 LGD 模型很好地拟合，如图 8.18（a）所示。对于 HZO（铁电层）和 Ta_2O_5（介电层），层内计算的电场分别如图 8.18（b）和图 8.18（c）所示。可以看出，对于 HZO，外场 $E_{F,ext}$ 和去极化电场 E_{dep} 在很大程度上相互补偿，总电场 E_F 只有中等大小。相反，对于 Ta_2O_5，内场 $E_{D,int}$ 和外场 $E_{D,ext}$ 具有相同的符号，这导致总电场 E_D 非常高。因此，采用较高电压会受到 Ta_2O_5 层电气击穿的限制。

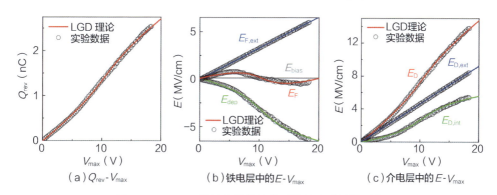

图 8.18　MFIM 器件电学特性的理论和实验结果对比

测量的 S 形极化响应曲线表明，铁电体最初处于负剩余极化状态 [P_r 约为 15.5 μC/cm²，这非常接近图 8.16(a) 中的 P_r]。在施加正电压脉冲期间，因为极化电荷在铁电-电介质界面处[14]暂时未被屏蔽，铁电体进入负电容区域。因为没有足够的自由电荷可以隧穿到界面以补偿铁电极化[13-14]，所以没有观察到极化滞后翻转。然而，最初在该界面处必须存在一些固定电荷，当不施加电压时，去极化电场强度减小到零。如果没有固定电荷，铁电-电介质界面处未屏蔽的极化电荷将导致大的去极化电场出现，从而导致铁电畴形成[18-19]，从而阻止 S 形 P-E_F 曲线和双阱能量曲线被观察到。当施加最高电压，铁电体再次处于正电容状态；然而，当移除电压时，正电容状态并不稳定，因为只有负剩余极化电荷在铁电-电介质界面处被固定电荷屏蔽。

基于图 8.17(h) 中的 S 形 P-E_F 曲线，可以通过积分计算自由能。计算出的自由能为 P 的函数，如图 8.17(i) 所示。即使由于介质电气击穿的限制，无法完全测量第二能量极小值，也可以看到双阱能量曲线的清晰形状，LGD 理论计算结果与实验数据非常一致。图 8.19(a) 和图 8.19(b) 证明，确实存在可忽略的 P-E_F 滞后现象。此外，为了排除器件行为由 Ta_2O_5 层的特性引起的可能，并研究负电容效应的可扩展性，在具有薄（4 nm）Al_2O_3 电介质层和薄（7.7 nm）HZO 铁电层的样品上进行了类似的实验，在图 8.19(c) 和图 8.19(d) 中可观察到类似的负电容区域。

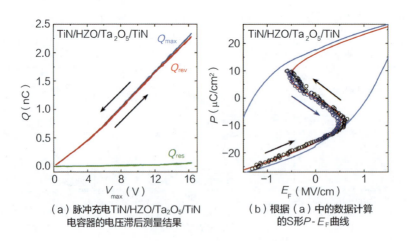

(a) 脉冲充电 TiN/HZO/Ta_2O_5/TiN 电容器的电压滞后测量结果　　(b) 根据 (a) 中的数据计算的 S 形 P-E_F 曲线

图 8.19　MFIM 器件电学特性曲线

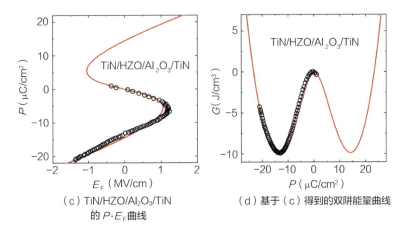

(c) TiN/HZO/Al$_2$O$_3$/TiN 的 P-E$_F$ 曲线   (d) 基于（c）得到的双阱能量曲线

图 8.19　MFIM 器件电学特性曲线（续）

综上所述，德国 NaMLab 针对负电容效应的存在性展开了铁电材料极化电荷瞬态响应表征，通过负电容效应独特的 S 形极化响应曲线证实负电容效应的存在性。相比传统铁电电容的回滞型极化响应曲线，瞬态测试结果呈现出与 L-K 理论相吻合的 S 形负电容区域。因此，该工作通过首次实验测得的 S 形极化响应曲线再次证实了负电容效应的存在性。

8.2　铁电负电容效应本质探索

对负电容效应的本质来源的探索同样吸引了世界各地研究者，目前主流的两种理论分别是铁电畴翻转延迟导致负电容效应和去极化电场导致负电容效应。8.2 节主要基于现有的研究工作阐述这两种理论的研究过程，客观地介绍铁电负电容效应本质，明确其工作机理。

自从负电容概念被提出[2]，许多研究团队已经发现了具有铁电 - 介电栅极叠层的场效应晶体管具有低于 60 mV/decade 的 SS 和瞬态脉冲响应特性[20-22]。然而，当时对这些现象的理论解释还没有完全证实。当时流行的说法认为，稳定的 S 形 P-V 曲线是一种只有稳定的铁电体才具有的负电容路径，并且没有铁电畴翻转[2]。由于 S 形曲线是建立在一系列未经测试的假设上且缺乏稳定的微观模型，所以争议不断。有人提出，铁电畴翻转实际上是观察到负电容效应的前提，而 S 形曲线是永远不会遍历的[21, 23]。

2018 年，韩国三星公司基于硅基沟道负电容场效应晶体管及其栅极结构开展了极化响应特性的相关研究[24]。他们提出的结论是铁电负电容效应的本质是极化电荷的延迟响应行为。下面主要通过详细介绍该项工作的内容，使读者可以更清楚地理解如何通过极化电荷的延迟响应来解释负电容效应。

三是公司分析了两类数据：一是结构如图 8.20 所示的加瞬态脉冲的铁电-介电栅极叠层电容；二是分析了具有铁电-介电栅极叠层的场效应晶体管的 SS 随峰值电压（V_{peak}）和时间变化的情况。在铁电-介电栅极叠层电容上加的瞬态脉冲将产生图 8.21 所示的脉冲行为：电压不是像预期的那样单调增加，而是形成一个初始电压脉冲，随后逐渐上升到全电压水平。

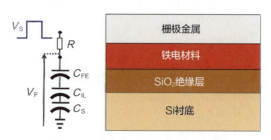

图 8.20 瞬态脉冲测量的实验示意

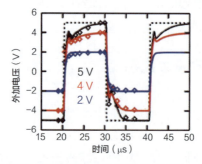

图 8.21 测量和模拟叠层电容在双极脉冲激励下的瞬态响应

利用延迟模型可以定性地解释图 8.21 中的现象。电压的初始急剧上升发生在铁电畴翻转之前，此时只有非铁电的极化电荷是活跃的。经过短暂的极化电荷延迟响应后，铁电畴开始翻转，导致极化电荷大幅增加，进入铁电-介电栅极叠层电容的电流会显著增大，电阻分压增大，为了使系统平衡，电容分压会出现下降的趋势。一旦初始延迟结束，叠层电容逐渐充电，最终达到峰值电压 V_{peak}。在铁电畴翻转开始时，可以观察到明显的负电容现象，但通过图 8.21 所示的曲线可以发现，只有当扫描的峰值电压 V_{peak} 足够高时才会观察到负电容。原因很明显，从图 8.22 所示的相关电滞回线可以看到，在低 V_{peak} 时，回路变得狭窄而无法形成有效负电容区域。图 8.23 为电容在双极和单极脉冲作用下瞬态响应的实验数据和模型仿真数据，首先对该器件施加双极脉冲序列进行初始化，接着施加两个单极脉冲序列。在第一个单极脉冲上，可以观察到异常的"尖峰"，但在随后的单极脉冲上没有观察到该现象。也就是说，输入波形为双极和单极脉冲时将导致截然不同的行为：只有双极输入会产生尖峰。在最初的双极转变到单极后，没有观察到额外的尖峰。该现象可以从图 8.24 所示的相关电滞回线中得到解释：只有输入波形为双极脉冲的回滞环可以产生很大的极化电荷变化，单极输入的回滞环非常窄，没有明显的极化电荷变化。所以，尖峰的产生需要极化电荷显著增加并具有一定的延迟。

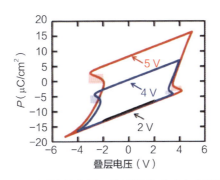

图 8.22　不同峰值电压下的双极脉冲响应电滞回线

虽然在铁电 - 介电栅极叠层电容上施加脉冲序列所呈现的不寻常行为很有趣，但更直接的技术相关性是具有铁电 - 介电栅极叠层的场效应晶体管的 SS 行为。如图 8.25～图 8.27 所示，极化翻转延迟效应可以产生低于 60 mV/decade 的 SS。由于铁电 - 介电栅极叠层中的极化翻转延迟，即使在栅极电压 V_G 变化很小（或没有）的情况下，也可以产生较大的电荷变化量，迫使表面电势比栅极电压 V_G 变化得更快。因为这一现象最终是由极化翻转驱动的，因此 SS 与脉冲序列响应具有相同的 V_{peak} 依赖关系，这在图 8.28 中得到了实验验证。很明显，低于 60 mV/decade 的 SS 只在 V_{peak} 高于铁电 - 介电栅极叠层电容矫顽电压时才能被观察到。由于铁电响应延迟，只要 V_{peak} 足够高，低电压下就可能出现低于 60 mV/decade 的 SS，V_{peak} 小于 2 V 时的 SS 响应是准静态的。如图 8.28 的插图所示，观察到的离散的低于 60 mV/decade 的 SS 是由离散的铁电畴翻转引起的，这与 S 形曲线模型的预测相反。这种效应只在一定的输入脉冲频率范围内表现出来：如果 SS 响应太快，就没有铁电响应；如果响应太慢，则行为是准静态的。铁电响应的速率决定了负电容的可实现频率范围。

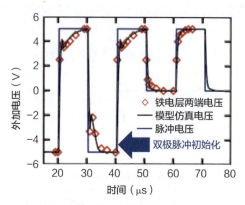

图 8.23 电容在双极和单极脉冲作用下瞬态响应的实验数据和模型仿真数据

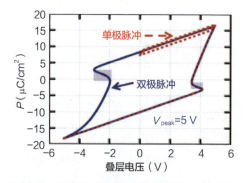

图 8.24 双极和单极脉冲作用下的电滞回线

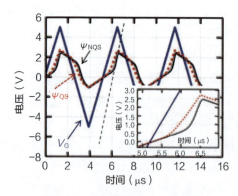

图 8.25 表面电势和 V_G 的变化

注：NQS 为非准静态，QS 为准静态。

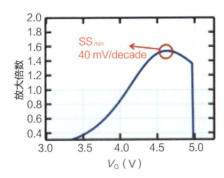

图 8.26　栅极电压放大倍数随 V_G 的变化

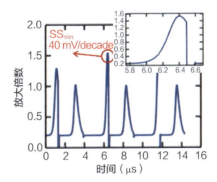

图 8.27　栅极电压放大倍数随时间的变化

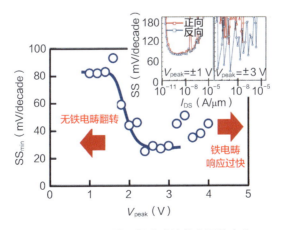

图 8.28　SS_{min} 随双极脉冲峰值电压的变化

如图 8.29 所示，器件的极化响应对脉冲宽度和峰值电压 V_{peak} 的变化是敏感的。在与现代 CMOS 工艺兼容的相对较低的电压下，只能以毫秒级速度或更慢的速度测量极化响应时间。因此，低于 60 mV/decade 的 SS 实际上只能在非常大的输入脉冲宽度下实现。这一结论也在图 8.30 中得到了证明，图 8.30 显示了在单个具有铁电-介电栅极叠层的场效应晶体管上测量到的 SS 和脉冲宽度的关系曲线。可以看到，只有在较低的频率下才能观察到低于 60 mV/decade 的 SS。此外，在更低的频率（如直流）下将不会出现负电容现象，这是因为在准静态下，与输入频率相比，铁电畴翻转延迟可以忽略。

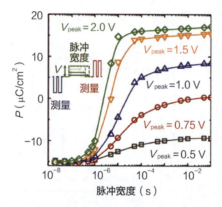

图 8.29　极化强度与脉冲宽度、峰值电压的关系

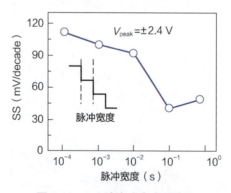

图 8.30　SS 随脉冲宽度的变化

综上所述，该工作最终得出的结论是负电容效应可以由铁电畴翻转延迟响应来解释。铁电-介电栅极叠层电容和场效应晶体管的脉冲响应、SS 响应符合极化翻转延迟模型。稳定的 S 形曲线模型不需要也不能解释这些数据。这一发

现具有重大的技术意义：具有稳定的 S 形曲线的铁电 - 介电场效应晶体管可以直接适用于 CMOS 电路（具有快速响应的条件），而翻转延迟铁电 - 介电场效应晶体管不能用于 SS 低于 60 mV/decade 的逻辑器件。在较低工作电压的条件下实现具有陡峭亚阈值特性的器件的极化翻转是不太可能的，因为可以实现陡峭亚阈值的脉冲频率比器件工作所需要的频率小了许多数量级。NCFET 很可能不适合用于高性能 CMOS 电路。

2019 年，西安电子科技大学韩根全教授团队针对负电容效应本质，对比研究了 NCFET 的实验测试结果和通过去极化电场描述铁电材料的理论计算结果[25]。研究发现，实验所得的浮栅电压随栅极电压的变化与理论计算结果高度吻合，因而得出结论：负电容效应的本质为去极化电场。下面将详细介绍该工作的内容。

负电容效应本质的研究工作是基于 Ge NCFET 的实验测试结果和理论计算结果的对比研究展开的。图 8.31 所示为负电容效应本质的对比研究流程。参与对比的结果包括 V_{int}、V_{FE}、C_{MOS}-V_G、dV_{int}/dV_G-V_G 和 $dV_{int}/dV_G>1$ 等电学特性曲线。此外，需要说明的是，所有用于 8.2 节的 NCFET 及不包含铁电薄膜的对照 MOSFET 器件都采用与第 4 章类似的制备流程。

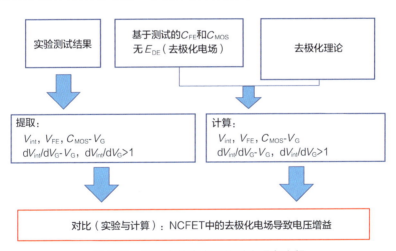

图 8.31　负电容效应本质的对比研究流程

实验测试结果获取方式如下：由于 NCFET 可视为串联栅极电压放大器的 MOSFET，因此，当 NCFET 与对照 MOSFET 器件表现出完全相同的电学行为时，中间浮栅电压（V_{int}）应当与对照 MOSFET 器件的栅极电压（V_G）相同。

基于上述事实，本工作通过测试 NCFET 和对照 MOSFET 器件的 I_{DS}-V_G 曲线，提取 NCFET 的相关实验结果。

理论计算结果获取方式如下：如式（8-6）～式（8-9）所示，NCFET 中铁电薄膜电压（V_{FE}）和中间浮栅电压受电压分配原则和去极化电场共同作用。因此，理论计算分为两步：第一，基于电压分配原则以及实际测试的 C_{FE}-V_{FE} 和 C_{MOS}-V_G 曲线，计算得到 V'_{int}-V_G 和 V'_{FE}-V_G 曲线；第二，基于式（8-10）～式（8-12）计算得到 Q_{inv}-V_G 和 P-V_G 曲线，并通过去极化电场强度计算式（8-5），获得 V_G-E_{DE} 曲线。最终，求得实际的 V_{int}-V_G 曲线和 V_{FE}-V_G 曲线。

$$E_{DE} = \frac{P}{\varepsilon_{FE}} \tag{8-5}$$

$$V_{FE} = V'_{FE} - V_{DE} \tag{8-6}$$

$$V_{int} = V'_{int} + V_{DE} \tag{8-7}$$

$$\frac{\partial V_{int}}{\partial V_G} = \frac{\partial V'_{int}}{\partial V_G} + \frac{\partial V_{DE}}{\partial V_G} > \frac{\partial V'_{int}}{\partial V_G} \tag{8-8}$$

$$V_{int} > V'_{int} \tag{8-9}$$

$$V_G = V_{int} + V_{FE} \tag{8-10}$$

$$Q_{inv} = P + \varepsilon_0 E_{FE} \approx P \tag{8-11}$$

$$P(V_{int}) = Q_{inv}(V_{int}) = \int_{V_{FB}}^{V_{int}} C_{MOS}(V_{int}) dV \tag{8-12}$$

其中，E_{DE} 为去极化电场，Q_{inv} 和 P 分别为沟道反型电荷密度和铁电薄膜极化强度，E_{FE} 为铁电薄膜电场强度，ε_{FE} 为介电常数，V_{FB} 为 NCFET 底层 MOSFET 的平带电压，V_{DE} 为去极化电场产生的去极化电压。

图 8.32（a）所示为 NCFET 结构和等效电路示意。其中，C'_{FE} 代表铁电薄膜电容本身的绝缘介电性，而 R_{FE} 则通过其电阻大小和压降表征电薄膜极化翻转过程中极化电流的大小和去极化电场的作用[26]。因此，测试结果不包含去极化电场作用下的 C'_{FE}，因而可用于电压分配的计算。

图 8.32（b）和图 8.32（c）分别通过典型的有回滞 P-V 曲线和蝴蝶形 C-V 曲线确认了铁电薄膜的铁电性。此外，图 8.32（c）中的电容值将用于计算不包

含去极化电场作用时的电压分配。

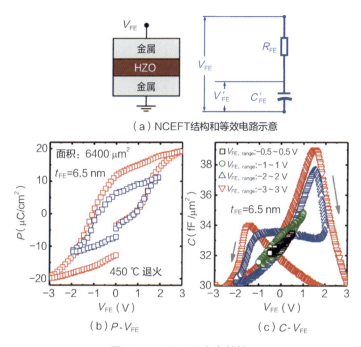

图 8.32 NCFET 电容特性

图 8.33 所示为 MFMIS 结构 Ge NCFET 和对照 MOSFET 器件的 I_{DS}-V_G、SS-I_{DS} 和 G_m-(V_G–V_{TH}) 曲线。其中，实心符号代表反向扫描电压结果，空心符号代表正向扫描电压结果。随着 V_G（绝对值）增大，NCFET 回滞窗口呈明显的展宽趋势，归因于铁电薄膜的多铁电畴状态以及具有较高矫顽场的铁电畴随 V_G 增大而提升的响应速度[27]。当 V_G 变至 1 ~ –1 V 和 0.5 ~ –0.5 V 时，NCFET 回滞窗口小于 100 mV，可忽略不计。图 8.33（b）提取了上述器件在不同 V_G 下的亚阈值特性。得益于负电容效应，当 V_{DS}=–0.05 V 时，NCFET 在 V_G 为 3 ~ –5 V 和 2 ~ –3 V 展现出明显低于 60 mV/decade 的陡峭开关特性。尽管 NCFET 亚阈值特性随 V_G 绝对值的减小呈退化趋势，但当 V_G 为 1 ~ –1 V 和 0.5 ~ –0.5 V 时，NCFET 依然在亚阈值区域末端展现出优于对照 MOSFET 器件的亚阈值特性，从而实现了增强的沟道跨导，如图 8.33（c）所示。此外，当 V_G 为 3 ~ –5 V 和 2 ~ –3 V 时，NCFET 也展现出优于对照 MOSFET 器件的沟道跨导，极大地减小了 NCFET 达到开态电流所需的电压损耗。

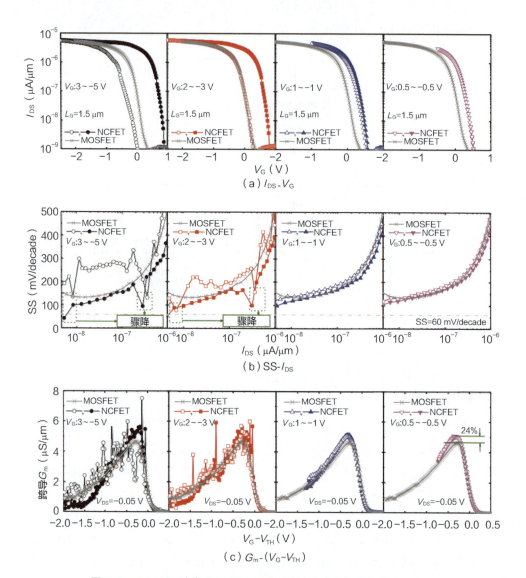

图 8.33 MFMIS 结构 Ge NCFET 和对照 MOSFET 器件的 I_{DS}-V_G、SS-I_{DS} 和 G_m-(V_G-V_{TH}) 曲线

基于前文所述实验测试结果的提取方法,图 8.34 提取了 NCFET 的 V_{int}-V_G、dV_{int}/dV_G-V_G、C_{MOS}-V_G 和 P-V_{FE} 曲线及其底层 MOSFET 的负载曲线。其中,实心符号代表反向扫描电压结果,空心符号代表正向扫描电压结果。此时,各负载曲线与 P-V_{FE} 曲线的交点为 NCFET 在当前 V_G 下的实际工作点[23, 28]。

如图 8.34 所示,在全 V_G 范围内,NCFET 的 dV_{int}/dV_G-V_G、C_{MOS}-V_G 和 P-V_{FE}

曲线均展现出栅极电压放大、陡峭开关特性和负斜率区域等负电容效应的典型特征，且对应的 V_G 基本相同，再次证实了器件电学性能的提升源自负电容效应。

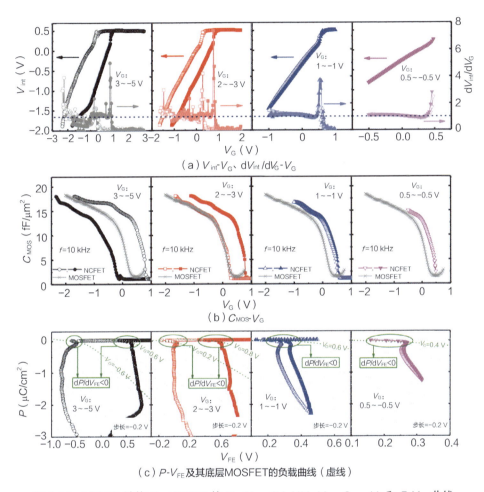

(a) V_{int}-V_G、dV_{int}/dV_G-V_G

(b) C_{MOS}-V_G

(c) P-V_{FE} 及其底层 MOSFET 的负载曲线（虚线）

图 8.34 MFMIS 结构 Ge NCFET 的 V_{int}-V_G、dV_{int}/dV_G-V_G、C_{MOS}-V_G 和 P-V_{FE} 曲线及其底层 MOSFET 的负载曲线

统计发现，相比对照 MOSFET 器件，NCFET 得益于负电容效应提供的陡峭亚阈值特性和增强的跨导特性，实现相同开态电流所需的电压范围大幅下降。图 8.35 所示为 NCFET 和对照 MOSFET 器件实现 3×10^{-6} A/μm 的开态电流时的所需电压统计结果。当 V_G 为 3～−5 V 时，相比对照 MOSFET 器件，NCFET 实现相同开态电流所需电压下降约 18.4%。当 V_G 变至 0.5～−0.5 V 时，

尽管 NCFET 铁电薄膜的极化强度小于 1.5 µC/cm^2，但是其提供的负电容效应依旧实现了 7.9 % 的电压降，具备减小电压的潜力。

综上所述，相比对照 MOSFET 器件，上述 NCFET 在全 V_G 变化范围内，其亚阈值特性、跨导特性、栅极电压、驱动电流均实现了不同程度的增益，证实了 NCFET 所具有的负电容效应的有效性。当 V_G 为 0.5 ～ –0.5 V 时，NCFET 通过小于 1.5 µC/cm^2 的极化强度所产生的负电容效应，依旧实现了陡峭开关特性、沟道跨导增强、栅极电压放大以及 7.9 % 的驱动电压下降。

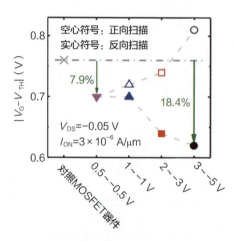

图 8.35　MFMIS 结构 Ge NCFET 和对照 MOSFET 器件实现 3×10^{-6} A/µm 的开态电流时的所需电压统计结果

在确认上述 NCFET 中负电容效应的有效性后，下面开始比较基于 NCFET 的理论、实验结果。首先计算了不包含去极化电场作用的 V'_{int}-V_G 和 V'_{FE}-V_G 曲线。其次，基于式（8-5）和图 8.34(c) 中的 P-V_{FE} 曲线，计算了 E_{DE}-V_G 和 V_{DE}-V_G。其中，$V_{DE}=E_{DE}\times t_{FE}$。最后，基于上述计算结果及式（8-6）～式（8-9），得到 V'_{int}-V_G、V'_{FE}-V_G、V_{int}-V_G、V_{FE}-V_G、dV_{int}/dV_G-V_G 曲线，如图 8.36 所示。

图 8.36 所示为不同 V_G 下的 MFMIS 结构 Ge NCFET 的理论、实验结果对比。去极化电场引入后，NCFET 在不同 V_G 下的理论结果和实验结果基本吻合，其一致性在小 V_G 下表现得尤为突出。当 V_G 为 1 ～ –1 V 和 0.5 ～ –0.5 V 时，NCFET 不仅在 V_{int}-V_G、V_{FE}-V_G 上展示出惊人的一致性，dV_{int}/dV_G-V_G 曲线也几乎完全相同，从而从实验上证明了负电容效应的微观本质为极化电荷产生的去极化电场。此处，需要补充的是，8.2 节的主要目的是探索负电容场效应的微观本质，并非建立预测实验数据的精准理论模型，因此选取了简化的去极化电场计算公式。

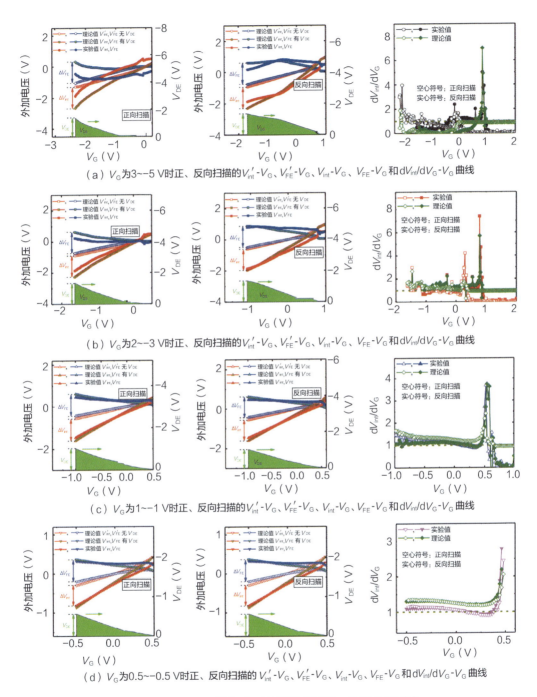

图 8.36 MFMIS 结构 Ge NCFET 的理论、实验结果对比

为检验上述结论的普适性，下面基于 MFIS 结构 Ge NCFET 在脉冲测试条件下的实验结果，再次重复上述对比实验。图 8.37 所示为脉冲测试条件下 MFIS 结构 Ge NCFET 及对照 MOSFET 器件的 I_{DS}-V_G、V_{int}-V_G、dV_{int}/dV_G-V_G、C_{MOS}-V_G、P-V_{FE} 曲线及其底层 MOSFET 的负载曲线（实心符号代表反向扫描结果，空心符号代表正向扫描结果），其中脉冲周期为 500 μs，脉冲宽度为 1 μs。当 V_{DS}=-0.05 V 时，NCFET 的 I_{DS}-V_G、dV_{int}/dV_G-V_G 和 P-V_{FE} 曲线均展现出陡峭 SS、栅极电压放大以及负斜率区域等负电容效应典型特征，且上述现象基本对应相同的 V_G，从而证实了 MFIS 结构 Ge NCFET 电学性能的提升源自负电容效应。

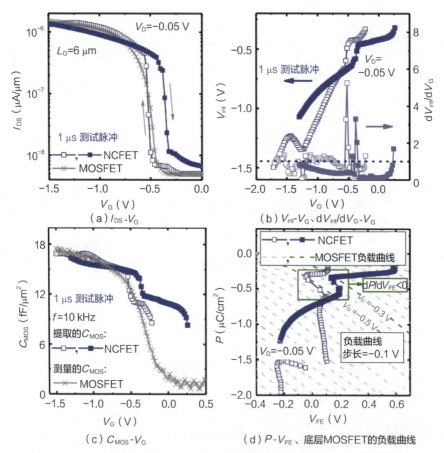

图 8.37　MFIS 结构 Ge NCFET 及对照 MOSFET 器件的 I_{DS}-V_G、V_{int}-V_G、dV_{int}/dV_G-V_G、C_{MOS}-V_G、P-V_{FE} 曲线及其底层 MOSFET 的负载曲线

图 8.38 所示为 MFIS 结构 Ge NCFET 的理论、实验结果对比。图 8.38（a）和图 8.38（b）所示为栅极电压正、反向扫描过程中，NCFET 的 V'_{int}-V_G、V'_{FE}-V_G、

V_{DE}-V_G、V_{int}-V_G、V_{FE}-V_G 曲线。去极化电场引入后，NCFET 的理论结果和实验结果基本吻合。此外，如图 8.38（c）所示，dV_{int}/dV_G-V_G 的实验和理论结果展示了几乎完全一致的变化趋势，尤其是 $dV_{int}/dV_G>1$ 对应的区域。

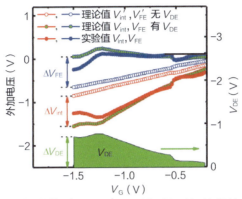

（a）正向扫描的 V'_{int}-V_G、V'_{FE}-V_G、V_{DE}-V_G、V_{int}-V_G 和 V_{FE}-V_G

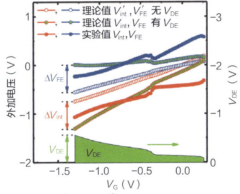

（b）反向扫描的 V'_{int}-V_G、V'_{FE}-V_G、V_{DE}-V_G、V_{int}-V_G 和 V_{FE}-V_G

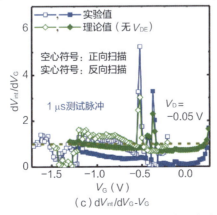

（c）dV_{int}/dV_G-V_G

图 8.38　MFIS 结构 Ge NCFET 的理论、实验结果对比

综上所述，通过在静态和脉冲测试条件下对 MFMIS 和 MFIS 结构的 Ge NCFET 的实验和理论结果进行对比研究，证实了 NCFET 中负电容效应的微观本质是极化电荷所引起的去极化电场。

8.3 本章小结

本章针对铁电负电容效应的物理机理，对其存在性和本质来源的相关研究进展展开深入讨论。针对上述两方面研究的主要进展如下。

（1）针对铁电负电容效应存在性问题，加利福尼亚大学伯克利分校 Salahuddin 教授团队通过搭建 R-C 串联系统，首次直接证实了铁电材料产生负电容效应的能力；数年后，Salahuddin 教授又将 STEM 和 EMPAD 配合使用，并结合相场模拟和第一性原理，实现了对铁电材料的极化强度和局部电场强度在微观层面的关系的观测实验，在铁电材料畴壁区域观测到了极化强度与偏置电场呈负相关关系，即空间层面的负电容效应；2019 年，德国 NaMLab 展开了铁电材料极化电荷瞬态响应表征，相比传统铁电电容的回滞型极化响应曲线，瞬态测试结果呈现出与 L-K 理论相吻合的 S 形负电容区域，该工作通过首次实验测得的 S 形极化响应曲线再次证实了负电容效应的存在性。

（2）针对铁电负电容效应的本质来源，韩国三星公司基于硅基沟道负电容场效应晶体管及其栅极结构，明确铁电负电容效应的本质是极化电荷的延迟响应行为；随后，西安电子科技大学韩根全教授团队研究了去极化电场在负电容效应中的作用，证实了负电容效应的本质为去极化电场。

参考文献

[1] KHAN A, CHATTERJEE K, WANG B, et al. Negative capacitance in a ferroelectric capacitor[J]. Nature Materials, 2015, 14(2): 182-186.

[2] SALAHUDDIN S, DATTA S. Use of negative capacitance to provide voltage amplification for low power nanoscale devices[J]. Nano Letters, 2008, 8(2): 405-410.

[3] ISLAM A, BHOWMIK D, YU P, et al. Experimental evidence of ferroelectric negative capacitance in nanoscale heterostructures[J]. Applied Physics Letters, 2011, 99(11): 113501.

[4] APPLEBY D, PONON N, KWA K, et al. Experimental observation of negative capacitance in ferroelectrics at room temperature[J]. Nano Letters, 2014, 14(7): 3864-3868.

[5] ZUBKO P, WOJDEŁ J, HADJIMICHAEL M, et al. Negative capacitance in multidomain

ferroelectric superlattices[J]. Nature, 2016, 534(7608): 524-528.

[6] URBAN K. Studying atomic structures by aberration-corrected transmission electron microscopy[J]. Science, 2008, 321(5888): 506-510.

[7] JIA C, NAGARAJAN V, HE J, et al. Unit-cell scale mapping of ferroelectricity and tetragonality in epitaxial ultrathin ferroelectric films[J]. Nature Materials, 2007, 6(1): 64-69.

[8] NGUYEN K, PUROHIT P, YADAV A, et al. Reconstruction of polarization vortices by diffraction mapping of ferroelectric $PbTiO_3/SrTiO_3$ superlattice using a high dynamic range pixelated detector[J]. Microscopy and Microanalysis, 2016, 22(S3): 472-473.

[9] YADAV A, NELSON C, HSU S, et al. Observation of polar vortices in oxide superlattices[J]. Nature, 2016, 530(7589): 198-201.

[10] NELSON C, WINCHESTER B, ZHANG Y, et al. Spontaneous vortex nanodomain arrays at ferroelectric heterointerfaces[J]. Nano Letters, 2011, 11(2): 828-834.

[11] YADAV A, NGUYEN K, HONG Z, et al. Spatially resolved steady-state negative capacitance[J]. Nature, 2019, 565(7740): 468-471.

[12] HOFFMANN M, FENGLER F, HERZIG M, et al. Unveiling the double-well energy landscape in a ferroelectric layer[J]. Nature, 2019, 565(7740): 464–467.

[13] HOFFMANN M, KHAN A, SERRAO C, et al. Ferroelectric negative capacitance domain dynamics[J]. Journal of Applied Physics, 2018, 123(18): 184101.

[14] KIM Y, YAMADA H, MOON T, et al. Time-dependent negative capacitance effects in $Al_2O_3/BaTiO_3$ bilayers[J]. Nano Letters, 2016, 16(7): 4375-4381.

[15] KHAN A, CHATTERJEE K, WANG B, et al. Negative capacitance in a ferroelectric capacitor[J]. Nature Materials, 2015, 14(2): 182-186.

[16] KHAN A, HOFFMANN M, CHATTERJEE K, et al. Differential voltage amplification from ferroelectric negative capacitance[J]. Applied Physics Letters, 2017, 111(25): 253501.

[17] KIM Y, PARK M, LEE Y, et al. Frustration of negative capacitance in $Al_2O_3/BaTiO_3$ bilayer structure[J]. Scientific Reports, 2016, 6(1): 1-11.

[18] ZUBKO P, WOJDEŁ J, HADJIMICHAEL M, et al. Negative capacitance in multidomain ferroelectric superlattices[J]. Nature, 2016, 534(7608): 524-528.

[19] HOFFMANN M, PEŠIĆ M, SLESAZECK S, et al. On the stabilization of ferroelectric negative capacitance in nanoscale devices[J]. Nanoscale, 2018, 10(23): 10891-10899.

[20] JO J, SHIN C. Negative capacitance field effect transistor with hysteresis-free sub-60-mV/decade switching[J]. IEEE Electron Device Letters, 2016, 37(3): 245-248.

[21] SHARMA P, ZHANG J, NI K, et al. Time-resolved measurement of negative capacitance[J].

IEEE Electron Device Letters, 2017, 39(2): 272-275.

[22] KRIVOKAPIC Z, RANA U, GALATAGE R, et al. 14nm ferroelectric FinFET technology with steep subthreshold slope for ultra low power applications[C]//2017 IEEE International Electron Devices Meeting (IEDM). IEEEE, 2017.

[23] KROWNE C, KIRCHOEFER S, CHANG W, et al. Examination of the possibility of negative capacitance using ferroelectric materials in solid state electronic devices[J]. Nano Letters, 2011, 11(3): 988-992.

[24] OBRADOVIC B, RAKSHIT T, HATCHER R, et al. Ferroelectric switching delay as cause of negative capacitance and the implications to NCFETs[C]//2018 IEEE Symposium on VLSI Technology. IEEE, 2018: 51-52.

[25] ZHOU J, HAN G, XU N, et al. Experimental validation of depolarization field produced voltage gains in negative capacitance field-effect transistors[J]. IEEE Transactions on Electron Devices, 2019, 66(10): 4419-4424.

[26] SAHA A, DATTA S, GUPTA S. "Negative capacitance" in resistor-ferroelectric and ferroelectric-dielectric networks: apparent or intrinsic?[J]. Journal of Applied Physics, 2018, 123(10): 105102.

[27] MULAOSMANOVIC H, SLESAZECK S, OCKER J, et al. Evidence of single domain switching in hafnium oxide based FeFETs: enabler for multi-level FeFET memory cells[C]//2015 IEEE International Electron Devices Meeting (IEDM). IEEE, 2015.

[28] CANO A, JIMENEZ D. Multidomain ferroelectricity as a limiting factor for voltage amplification in ferroelectric field-effect transistors[J]. Applied Physics Letters, 2010, 97(13): 133509.

第 9 章 总结与展望

自世界上第一只场效应晶体管发明以来,集成电路产业持续推动着人类文明由"工业时代"步入"信息时代"。为满足信息时代在数据处理方面日益增长的需求,工业界和学术界不断追逐着运行速度更快、能耗更低、成本更低的集成电路芯片,因而推动了芯片的微型化发展进程。截至目前,在精密光学、机械、控制、材料等一系列行业的努力下,集成电路终于步入了亚 5 nm 工艺技术节点,但同时也导致了集成电路微型化技术所需成本的指数级增长。因此,如何在现有技术水平上革新芯片性能,成为集成电路发展的当务之急。2008 年,普渡大学 Datta 教授及其博士研究生 Salahuddin,基于铁电薄膜极化电荷对外加电压所呈现的 S 形响应行为,创造性地提出了"NCFET"的概念。顾名思义,NCFET 即栅极电容可以为负值的场效应晶体管,仅通过将 MOSFET 的绝缘栅介质替换为具有负电容行为的铁电薄膜材料,即可实现驱动电压的大幅下降以及沟道电流的大幅提升。NCFET 具备兼容 CMOS 工艺、运行速度快、计算功耗低等一系列优点,因而被视为集成电路产业最具潜力的发展方向之一。

然而,尽管 NCFET 得益于铁电薄膜所提供的负电容效应而具备一系列卓越的电学性能,但受制于铁电薄膜材料的固有缺陷,其实际应用之路依然充满了荆棘,如负电容效应和 NCFET 的应用可行性、高性能 NCFET 的设计规则、NDR 效应的设计规则和 NCFET 高频响应能力等问题。此外,作为铁电薄膜的衍生产物,负电容效应和 NCFET 同样极度依赖于铁电极子的微观行为。

因此,本书针对上述问题展开了深入讨论。本书在第 1 章首先概述了集成电路产业对于新型低功耗应用的迫切需求,进而明确 NCEFT 发展的必要性。第 2 章围绕氧化铪基铁电材料,首先介绍了铁电材料发展历史以及氧化铪基铁电材料发展的必要性,然后详细阐述了氧化铪基铁电材料相关的几个关键技术问题,包括铁电性来源、铁电性能调控和工艺探索以及新型氧化铪基铁电材料应用。第 3 章论述了 NCEFT 的概念及其发展历程,并围绕其潜在应用方向展开了讨论。基于以上理论与技术,本书在第 4 章至第 7 章深入讨论了 NCEFT

基本电学特性、电容匹配原则、NDR 效应和频率响应特性等关键技术问题。此外，本书第 8 章还讨论了铁电负电容效应存在性和本质等本源问题。

9.1　总结

NCFET 研究已成为前沿热点课题，全世界超过 60 家科研机构和高校开展了相关研究，加利福尼亚大学伯克利分校、格芯公司、麻省理工学院、普渡大学、宾夕法尼亚州立大学、乌迪内大学、东京大学、韩国科学技术院、首尔大学、新加坡国立大学以及我国相关科研机构和高校都开展了负电容器件与电路应用的相关研究。

以 NCFET 为代表的陡峭 SS 器件在后摩尔时代成为全球集成电路领域各国竞相占领的战略技术高地。负电容器件虽然是近几年才出现的新器件，但无论是在实验还是在理论上都取得了很大的突破，尤其是近两年的实验研究，基本证明了 NCFET 是最有希望实现应用的陡峭 SS 器件。尽管国内在 NCFET 方面的研究取得了较大成果，然而微电子器件发展日新月异，我们仍然要加快研究步伐、迎头赶上，使 NCFET 研究早日取得根本性的突破并实现应用。9.1 节主要针对以下几个 NCFET 未来的发展方向进行讨论：(1) 负电容器件优化；(2) 新型沟道材料负电容器件；(3) 新型负电容器件应用。

9.1.1　铁电负电容器件优化

随着硅场效应晶体管的二维尺度接近极限，目前晶体管的新功能改进、新计算范式和架构层面的垂直设备集成正被业界广泛研究。栅极氧化物的优化在这些研究中发挥着关键作用。事实上，栅极氧化物从 SiO_2 到高介电常数材料的转变被视作半导体产业的一个重大转变。在这种背景下，铁电氧化物提供了新的功能[1-2]，铁电晶体管被认作有潜力的低功耗电子器件。基于 ALD 技术生长的掺杂 HfO_2 铁电薄膜解决了存在于许多传统钙钛矿基铁电材料中的材料相容性问题。

氧化铪基铁电材料和 CMOS 工艺完全兼容，在 NCFET 器件研究中被广泛采用。但是，氧化铪基铁电材料存在一些问题。首先，掺杂 HfO_2 都为多晶，晶界会导致器件栅漏电流增大，因此 NCFET 的栅绝缘层不能太薄。其次，目前氧化铪基铁电材料在厚度小于 4 nm 的时候，铁电性不明显，NCFET 性能提升相对较小，所以针对超薄铁电材料的研究十分重要。

2019 年，西安电子科技大学韩根全教授团队提出了一种新型纳米晶体嵌入绝缘体（Nanocrystal-Embedded-Insulator，NEI）铁电场效应晶体管（Ferroelectric Field Effect Transistor，FeFET），其中的 NEI 层（厚度降至 3.6 nm）由嵌入非晶态 Al_2O_3 中的铁电纳米结晶组成，该晶体管可以作为模拟神经网络应用的突触器件[3]。该团队希望通过减小铁电层的厚度以实现较小的剩余极化强度（P_r），这有利于降低工作电压，但是这可能导致突触权重精度随时间发生损失。此外，当厚度小于 5 nm 时，会产生不期望出现的栅漏电流，并导致铁电材料发生降解。针对以上问题，通过在栅极叠层中加入 NEI 铁电薄膜，FeFET 可以在较低电压下工作。与传统掺杂的 HfO_2 薄膜相比，新型 NEI FeFET 实现了工作电压的下降和去极化效应的减弱。基于 NEI FeFET 的突触器件通过固定振幅为 100 ns 的增强 / 抑制的电压脉冲，实现了小非线性、不对称因素的权重更新，有利于模拟神经网络在线训练。针对 MNIST 数据集（手写数字数据集），该团队设计并仿真了一种卷积神经网络，预测的在线训练精度达到 92%。

美国加利福尼亚大学伯克利分校 Salahuddin 教授团队采用混合的有序稳定的铁电 - 反铁电相 HfO_2-ZrO_2-HfO_2（HZH）超晶格异质结作为栅极叠层，将其直接集成到硅晶体管上，并缩小尺度至约 2 nm，与高性能晶体管所需的栅极氧化物厚度相同[4]。硅上 HZH 多层结构示意及其 TEM 图如图 9.1 所示。该项工作为电子器件提供了一种先进的栅极氧化层。

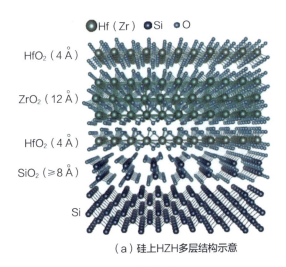

(a) 硅上HZH多层结构示意

图 9.1　器件结构

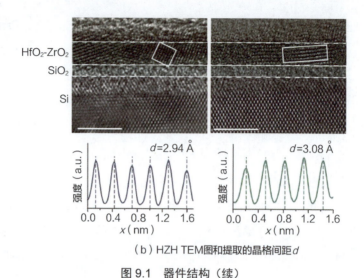

（b）HZH TEM图和提取的晶格间距 d

图9.1　器件结构（续）

传统的基于 HfO_2 的高介电常数栅极在不清除界面 SiO_2 的情况下无法实现如此小（2 nm）的有效氧化层厚度和大电容，而利用传统的层间清除技术虽然实现了标准高介电常数 HfO_2 的制备，减小了等效氧化层厚度（Equivalent Oxide Thickness，EOT），但却导致泄漏电流和迁移率下降[5]。该工作所提出的栅极堆叠，不需要清除界面 SiO_2，可以实现更小的泄漏电流并且不会降低迁移率。图9.2给出了两种降低等效氧化层厚度的方法。

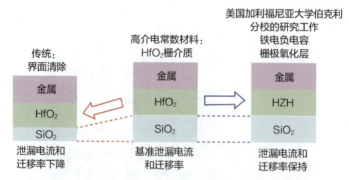

图9.2　等效氧化层厚度降低途径：减薄 SiO_2 层（红色箭头）；在 SiO_2 层上加入一种具有增大电容作用的负电容氧化物（蓝色箭头）

该团队利用这种超薄的 HZH 材料制备了 MIM 电容、MOS 电容和场效应晶体管器件。图9.3（a）展示了不同介质层材料的 MIM 电容的 C-V 双扫曲线，可以看到，相比其他相同厚度的介质为反铁电材料 ZrO_2 或铁电材料 HZO 的电容器，介质为混合的铁电-反铁电多层HZH的电容器具有更大的电容。类似地，图9.3（b）所示的MOS电容的C-V曲线表明，相比由相同厚度的反铁电材料ZrO_2、铁电材料HZO和高介电常数材料HfO_2构成的MOS电容器，采用介质材料为HZH的三层薄膜混合的MOS电容器是增大电容的最佳选择。

该团队制备了以超薄HZH材料为栅极介质的场效应晶体管器件。图9.4所示为该器件的结构示意以及基本的转移特性曲线和输出特性曲线。通过对比不同栅极材料的器件的泄漏电流和迁移率，发现本工作中的器件中的泄漏电流是目前报道的工作中最低的，如图9.5所示。

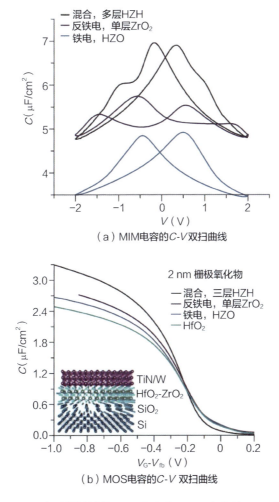

图9.3 不同介质层材料的MIM电容和MOS电容的C-V双扫曲线

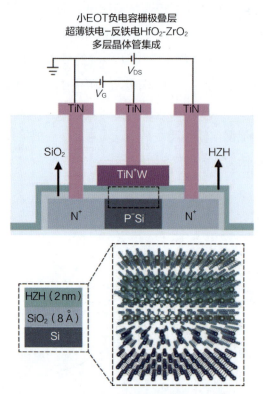

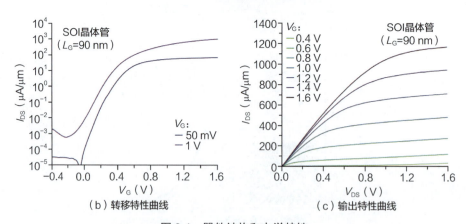

(a) 基于HZH栅极介质的场效应晶体管器件结构示意

(b) 转移特性曲线

(c) 输出特性曲线

图9.4 器件结构和电学特性

注：SOI 为 Silicon-On-Insulator，绝缘体上硅。

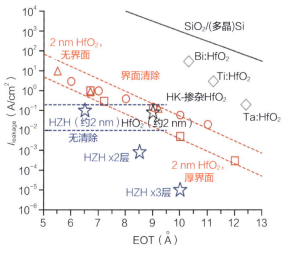

图 9.5　器件泄漏电流

综上，与传统掺杂技术不同，该项工作确立了原子层堆叠的关键作用，利用独特的尺寸效应，将萤石结构的 HfO_2 和 ZrO_2 控制到超薄极限。当多层混合相 HfO_2-ZrO_2 集成在硅上时，栅极叠层的电容增大，将 EOT 降低到阈值以下；而基于传统技术的场效应晶体管需要仔细减薄界面 SiO_2，否则会降低迁移率。基于 HZH 制备的电容器和晶体管均具有优异的性能。因此，利用 ALD 工艺实现的超薄铁电-反铁电 HZH 栅极介质，为未来晶体管的栅极介质的制备提供了新方案，有望超越过去 20 年已形成半导体工业规模的传统高介电常数介质的性能。

9.1.2　新型沟道材料负电容器件

氧化铪基 FeFET 具有高速、低功耗、高集成潜力等优势，在嵌入式存储和存内计算领域有很大应用潜力。但是，目前 FeFET 面临的瓶颈问题在于其耐久性较差，因此要实现 FeFET 在先进存储和计算中的应用，必须提高其耐久性。唐克超、黄如团队首次提出了一种基于反铁电氧化锆和铟镓锌氧化物（Indium Gallium Zinc Oxide，IGZO）沟道的新型高耐久性 FeFET[6]。

基于 IGZO 沟道的 FeFET 器件的结构示意及工艺流程如图 9.6 所示，采用了绝缘栅工艺。在顶部覆盖氮化钛（TiN）金属的前提下对 HZO 和 ZrO_2 薄膜进行退火，以优化薄膜的铁电（Ferroelectric, FE）和反铁电（Anti-Ferroelectric, AFE）性能。退火之后去除顶层 TiN，并采用室温溅射法淀积 IGZO 沟道。此外，在沟道淀积之前进行材料验证，图 9.6(c) 中的 P-V 测试曲线表明被纳入基于IGZO沟道的场效应晶体管的HZO和ZrO_2材料具有一致的FE和AFE行为。图9.7所示为单个器件的光学显微镜俯视图和器件栅极叠层的HRTEM图，与硅基器件相比，基于IGZO沟道的FeFET的栅极氧化物结晶度好，HZO-IGZO和ZrO_2-IGZO界面没有夹层。

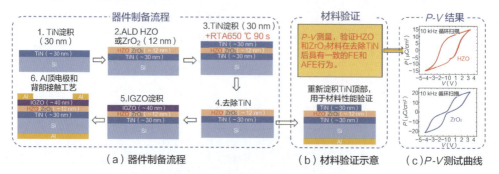

（a）器件制备流程　　（b）材料验证示意　　（c）P-V测试曲线

图9.6　基于IGZO沟道的FeFET器件的结构示意及工艺流程

（a）HZO/ZrO_2-IGZO FeFET的俯视图

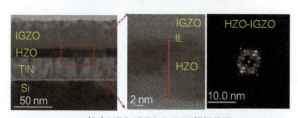

（b）HZO-IGZO FeFET栅极叠层的HRTEM图和快速傅立叶变换结果

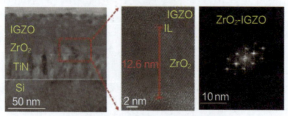

（c）ZrO_2-IGZO FeFET栅极叠层的HRTEM图和快速傅立叶变换结果

图9.7　IGZO FeFET器件结构

制备的 HZO-IGZO FeFET 的 I_{DS}-V_G 曲线如图 9.8 所示。当 V_G 从 –1 V 扫描至 4.5 V 时，只在初始周期出现约 0.3 V 的铁电型迟滞，随后的周期呈现顺时针电荷捕获型迟滞。此外，在 V_G 循环扫描的过程中，观测到阈值电压 V_{TH} 逐渐向负电压方向偏移。随着时间推移，V_{TH} 偏移是不可恢复的，这表明它可能是由偏压应力下 HZO-IGZO 界面的不稳定性引起的，而非电荷注入或捕获的缘故。与 HZO-IGZO FeFET 不同的是，反铁电 ZrO_2-IGZO FeFET 的性能显著提高，如图 9.9 所示。在 V_G 从 –1 V 扫描至 3 V 时，该器件具有稳定的记忆窗口（Memory Window，MW），记忆窗口大小为 0.46 V。与铁电 HZO 相比，反铁电 ZrO_2 中较低的矫顽场强度有助于降低铁电翻转所需的 V_G，而这种偏压应力的减小可能会提高 ZrO_2-IGZO FeFET 的器件可靠性。

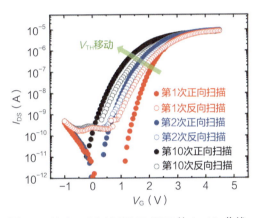

图 9.8 铁电 HZO-IGZO FeFET 的 I_{DS}-V_G 曲线

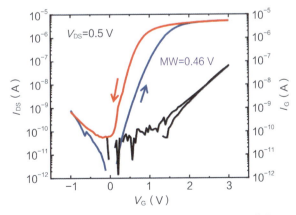

图 9.9 反铁电 ZrO_2-IGZO FeFET 的 I_{DS}-V_G 曲线

如图 9.10 所示，研究者对反铁电 ZrO_2-IGZO FeFET 的耐久性进行了测试，循环脉冲为周期为 10 μs、脉冲振幅从 –1 V 变化到 3 V 的三角形脉冲。这种脉冲能够在每个周期内诱导器件进行有效的极化翻转。准静态 I_{DS}-V_G 测量作为读取步骤，测量给定循环次数后的低阈值电压和高阈值电压，表征记忆窗口的演化。该器件显现出可观察到的记忆窗口，在循环次数高达 10^9 后，依然没有栅极击穿迹象，从而表明 ZrO_2-IGZO FeFET 具有比普通硅基 FeFET 更好的耐久性。

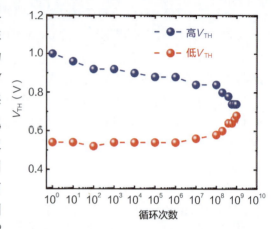

图 9.10 ZrO_2-IGZO FeFET 的耐久性测试曲线

ZrO_2-IGZO FeFET 在 V_{base}（偏置电压）为 1.0 V 时显示优化后的保持特性，外推后的保持特性大于 10 年，如图 9.11 所示。这可能是因为在这种偏置条件下，有足够大的内置电场来最优化偏移反铁电 ZrO_2 的 P-V 曲线，提供稳定 P 态（施加编程电压之后的状态）和 E 态（施加擦除电压之后的状态）的理想电场。V_{base} 的减小会加剧 P 态的退极化，如 V_{base}=0 V 时，如图 9.11（a）所示；一旦 V_{base} 增大至超过最佳点时，如 V_{base}=1.4 V 时，会导致 E 态的早期退极化，如图 9.11（e）所示。由于 V_{base} 的作用基本上相当于栅极功函数中的人工调制，因此本研究也为进一步研究功函数工程提供了指导，如图 9.12 所示。通过用 Pt 电极（功函数约为 5.7 eV）替换 TiN 电极（功函数约为 4.6 eV），有可能在没有 V_{base} 的情况下优化保持特性。

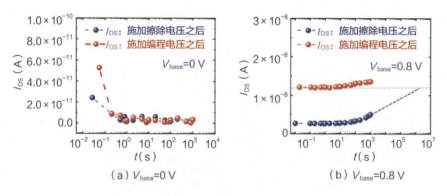

图 9.11 不同偏置电压下 ZrO_2-IGZO 的保持特性

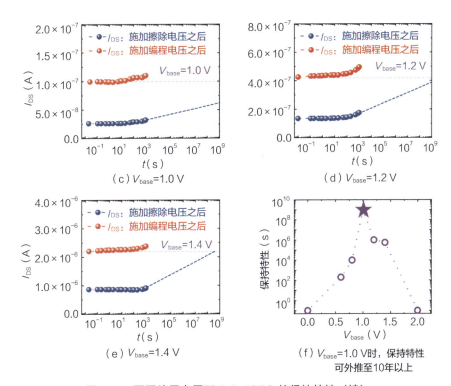

图 9.11 不同偏置电压下 ZrO$_2$-IGZO 的保持特性（续）

研究者利用反铁电 ZrO$_2$ 取代了传统的 HfO$_2$ 铁电材料，并用具有合适功函数的金属提供内建电场，有效地减小了矫顽场大小，减小了操作电压并提升了器件的耐久性。此外，与 Si 沟道相比，IGZO 沟道使得栅极叠层无界面，减小了器件的工作电压并优化了保持特性，综合优化了 FeFET 的存储性能。最后制备得到的新型 FeFET 的工作电压小于 2 V，耐久性提升至 10^9 s

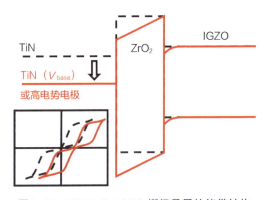

图 9.12 TiN-ZrO$_2$-IGZO 栅极叠层的能带结构

量级，保持特性大于 10 年，处于国际领先水平。该项研究成果对实现高耐久性的 FeFET 提供了关键指导，为 FeFET 的非易失性存储应用奠定了重要的器件基础。

9.1.3 新型负电容器件应用

晶体管数目的不断扩大没有给 CMOS 行业留下进一步提高其固有性能的空

间[7]。因此，我们在功能扩展方面投入了大量精力，例如逻辑、内存和输入输出（Input/Output，I/O）设备的单片/异构三维集成。最近，西安电子科技大学韩根全教授团队提出了一种新型的铁电静电掺杂（Ferroelectric Based Electrostatic Doping, Fe-ED）可重构场效应晶体管（R-FET），基于器件潜在的内存计算应用[8]可以进一步提高其功能密度。然而，由于器件的源/漏金属的肖特基接触，开态电流以及开关电流比会减小，需要创新性改进栅极控制能力以作为替代解决方案。该团队提出了铁电静电掺杂可重构NCEFT，通过仿真分析，该器件的电流特性相比普通铁电静电掺杂器件的实现了提升[9]。

图9.13所示是铁电静电掺杂可重构NCEFT结构，PG（Programmable Gate，编程栅极）下方是通过铁电静电掺杂形成的源区和漏区，它利用了铁电材料的非易失性，当对PG施加正脉冲电压后，会形成N型掺杂的源区和漏区，此时的器件表现为N型器件。相反，当对PG施加负脉冲电压后，会形成P型掺杂的源区和漏区，此时的器件表现为P型器件。CG（Control Gate，控制栅极）下方是器件的沟道区域，栅极叠层中插入了一层铁电层，利用铁电材料的负电容特性，目的是提升器件的电学性能。对PG和CG采用了两种不同的电容匹配度，这是由于电容匹配的要求不同。对于PG，由于需要实现非易失性，PG仿真采用了Preisach模型。对于CG，在铁电层和半导体之间有另一个介电层，以满足更高的电容匹配要求，所以CG仿真采用L-K模型，以实现理想的负电容效应和无回滞特性。此外，为了使仿真结果更可靠，对纳米片场效应晶体管的实验数据和仿真数据进行了校正，校正后的I_{DS}-V_G曲线如图9.14所示。

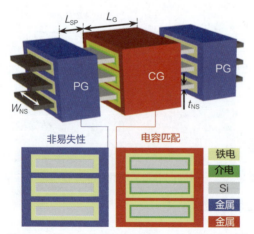

图9.13 铁电静电掺杂可重构NCEFT结构示意

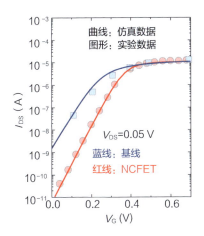

图 9.14 纳米片场效应晶体管实验数据和仿真数据的校正曲线

另外，对比分析了 Fe-ED NCFET 和 Fe-ED FET 的电学特性，图 9.15（a）所示为器件的 I_{DS}-V_G 曲线，负电容器件表现出了陡峭的 SS，也正是因为如此陡峭的 SS，负电容器件在开关电流比上实现了 1 到 2 个量级的增强。图 9.15（b）所示为在 I_{DS}-V_G 曲线中提取的 SS 和跨导。与基准器件（Fe-ED FET）相比，负电容器件在较宽的 I_{DS} 范围内的 SS 降低了 14～15 mV/decade，这已经突破了 60 mV/decade 的玻尔兹曼极限。此外，N 型和 P 型 Fe-ED NCFET 的跨导峰值比基准器件的跨导峰值分别提高了 40% 和 36%。

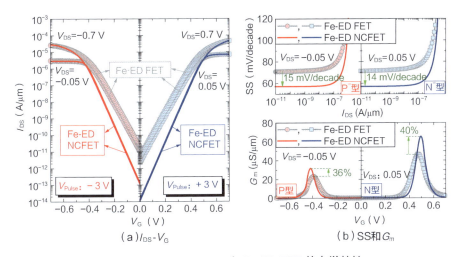

图 9.15 Fe-ED NCFET 和 Fe-ED FET 的电学特性

图 9.16 所示是器件的 I_{DS}-V_{DS} 曲线，可以看到在过驱动电压绝对值为 0.4 V 时，

N 型和 P 型 NCFET 的 I_{DS} 较基准器件分别提高了 103% 和 89%。此外，两种负电容器件均存在明显的 NDR 效应，这是由栅极与漏极之间的耦合造成的。

为了揭示器件性能提高的机理，对比了相同 V_{DS} 下两种器件的栅极电荷、栅极电容、沟道表面电势和电压增益。如图 9.17 所示，无论是 N 型还是 P 型的 Fe-ED NCFET，都具有电容尖峰，表明电荷响应速率加快，这与电压增益现象一致，也是负电容器件具有更陡峭的 SS 和更高的跨导的原因。

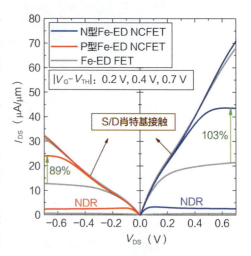

图 9.16 Fe-ED NCFET 和 Fe-ED FET 的 I_{DS}-V_{DS} 曲线

图 9.18（a）总结了 $|V_G|=|V_{DS}|=0.7\ V$ 时的开态电流、关态电流、开关电流比，结果表明 Fe-ED NCFET 的开关电流比相比 Fe-ED FET 分别增大了约 400 倍（N 型）和约 200 倍（P 型）。图 9.18（b）总结了不同工作电压 V_{DD} 下，器件的开态电流、关态电流、开关电流比对比曲线，结果表明，与基准器件相比，在 N/P 型 Fe-ED NCFET 的整个表征范围内都观察到了 I_{OFF} 被抑制。因此，在 $|V_{DD}|=0.7\ V$ 的 Fe-ED NCFET 中产生了高达 1×10^8 的增强开关电流比，并且 NCFET 在 V_{DD} 低于 0.45 V 时仍可以实现与普通器件在 $V_{DD}=0.7\ V$ 时相近的开关电流比，即 NCFET 工作电压 V_{DD} 可以缩减到 0.45 V 以下。

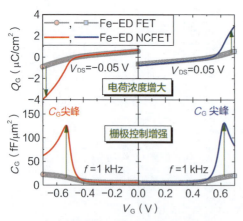

（a）栅极电荷、栅极电容随栅极电压的变化

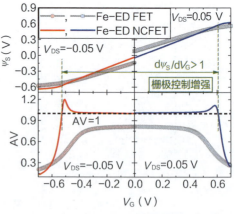

（b）沟道表面电势和栅极电压增益随栅极电压的变化

图 9.17 Fe-ED NCFET 和 Fe-ED FET 的栅极电荷、栅极电容、沟道表面电势 ψ_S 和栅极电压增益 AV

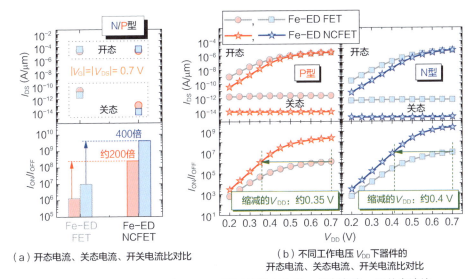

图 9.18　Fe-ED NCFET 和 Fe-ED FET 的开态电流、关态电流、开关电流比

总之，基于铁电静电掺杂技术的可重构负电容纳米片器件表现出一系列优于传统铁电静电掺杂器件的性能，包括 SS、跨导、关态电流及开关电流比等。除此之外，这种新型架构的负电容器件还可以在不牺牲开关电流比的情况下将 V_{DD} 降低到 0.45 V 以下，在高功能密度和低功耗等应用方面展现了巨大潜力。

9.2　展望

目前 NCFET 方向的研究是世界各国研究的热点，尽管在 NCFET 的相关电学性能优化方面取得了一些研究成果，但针对 NCFET 的研究仍然存在如下诸多未尽事宜。

（1）铁电薄膜作为 NCFET 的核心，在实现负电容效应的过程中，研究者先后尝试了 SBT、BTO、PVDF、PZT、HZO、HAO、HSO 等一系列材料，但仍然无法满足集成电路的大规模应用需求。首先，氧化铪基铁电薄膜材料因为 ALD 生长方式具备先天的工艺兼容优势。然而，目前主流的氧化铪基铁电薄膜材料，如 HZO、HAO、HSO 等，依旧存在诸多方面的问题。对于铁电性相对稳定的 HZO 铁电薄膜材料而言，其铁电相结晶温度仅为 350 ~ 550 ℃，与前栅结构的硅基工艺并不兼容；对铁电相结晶温度为 900 ~ 1100 ℃ 的 HAO 和 HSO 铁电薄膜材料而言，其掺杂材料 Al_2O_3 和 SiO_2 浓度过低，因此难以实现可稳定控制的铁电性。因此，具备超薄、铁电相结晶温度高、工艺兼容性好和铁电性稳定等优势的高质量铁电薄膜亟待进一步探索。

（2）电容匹配原则作为 NCFET 性能调控的"黄金准则"，已引起了工业界和学术界的高度重视。然而，截至目前，基于电容匹配原则的 NCFET 性能优化手段依旧停留于整体调控 t_{FE}、A_{FE}/A_{MOS} 和 $T_{Annealing}$ 等初级阶段。因此，更为精细的结构级电容匹配调控手段亟待进一步研究。

（3）高频逻辑响应，作为 NCFET 必须攻克的障碍，截至目前，依旧缺乏系统的研究。因此，NCFET 高频响应工作机理、优化方式和调控手段等问题亟待进一步研究。

（4）如第 8 章所述，深入研究 NCFET 的微观机理对于增加我们对其工作原理的理解至关重要，同时也将促进器件性能的优化。然而，当前对 NCFET 微观机理的研究尚处于起步阶段。鉴于此，我们迫切需要推进对 NCFET 微观机理的深入研究。

参考文献

[1] AGARWAL H, KUSHWAHA P, LIN Y, et al. Proposal for capacitance matching in negative capacitance field effect transistors[J]. IEEE Electron Device Letters, 2019, 40(3): 463-466.

[2] SALAHUDDIN S, DATTA S. Use of negative capacitance to provide voltage amplification for low power nanoscale devices[J]. Nano Letters, 2008, 8(2): 405-410.

[3] PENG Y, XIAO W, HAN G, et al. Nan crystal-embedded-insulator (NEI) ferroelectric field-effect transistor featuring low operating voltages and improved synaptic behavior[J]. IEEE Electron Device Letters, 2019, 40(12): 1933-1936.

[4] ANDO T. Ultimate scaling of high-k gate dielectrics: higher-k or interfacial layer scavenging?[J]. Materials, 2012, 5(3): 478-500.

[5] CHEEMA S, SHANKER N, WANG L, et al. Ultrathin ferroic HfO_2-ZrO_2 superlattice gate stack for advanced transistors[J]. Nature, 2022, 604(7904): 65-71.

[6] LIANG Z, TANG K, DONG J, et al. A novel high-endurance FeFET memory device based on ZrO_2 anti-ferroelectric and IGZO channel[C]//2021 IEEE International Electron Devices Meeting (IEDM). IEEE, 2021.

[7] SALAHUDDIN S, NI K, DATTA S. The era of hyper-scaling in electronics[J]. Nature Electronics, 2018, 1(8): 442-450.

[8] ZHENG S, ZHOU J, AGARWAL H, et al. Proposal of ferroelectric based electrostatic doping for nanoscale devices[J]. IEEE Electron Device Letters, 2021, 42(4): 605-608.

[9] LIU N, ZHOU J, ZHENG S, et al. Reconfigurable ferroelectric electrostatic doped negative capacitance nanosheet field-effect transistors with enhanced I_{ON}/I_{OFF} and scaled V_{DD} < 0.45 V[C]//6th IEEE Electron Devices Technology & Manufacturing Conference, 2022.

中国电子学会简介

中国电子学会于 1962 年在北京成立,是 5A 级全国学术类社会团体。学会拥有个人会员 17.3 万余人、团体会员 1700 多个,设立专业分会 48 个、专家委员会(推进委员会)9 个、工作委员会 9 个,主办期刊 10 余种。国内 31 个省、自治区、直辖市、计划单列市有地方电子学会。学会总部是工业和信息化部直属事业单位,在职人员近 200 人。

中国电子学会的 48 个专业分会覆盖了半导体、计算机、通信、雷达、导航、微波、广播电视、电子测量、信号处理、电磁兼容、电子元件、电子材料等电子信息科学技术的所有领域。

中国电子学会的主要工作是开展国内外学术、技术交流;开展继续教育和技术培训;普及电子信息科学技术知识,推广电子信息技术应用;编辑出版电子信息科技书刊;开展决策、技术咨询,举办科技展览;组织研究、制定、应用和推广电子信息技术标准;接受委托评审电子信息专业人才、技术人员技术资格,鉴定和评估电子信息科技成果;发现、培养和举荐人才,奖励优秀电子信息科技工作者。

中国电子学会是国际信息处理联合会(IFIP)、国际无线电科学联盟(URSI)、国际污染控制学会联盟(ICCCS)的成员单位,发起成立了亚洲智能机器人联盟、中德智能制造联盟。世界工程组织联合会(WFEO)创新专委会秘书处、中国科协联合国咨商信息与通信技术专业委员会秘书处、世界机器人大会秘书处均设在中国电子学会。中国电子学会与电气电子工程师学会(IEEE)、英国工程技术学会(IET)、日本应用物理学会(JSAP)等建立了会籍关系。

关注中国电子学会微信公众号

加入中国电子学会